U0145353

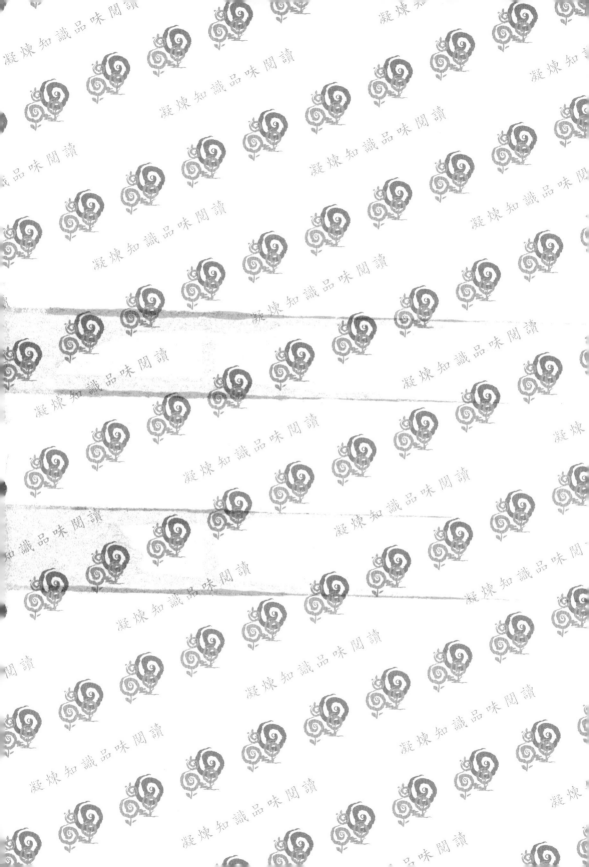

圖解系列

圖解

企劃案撰寫

第二版

戴國良 博士 著

五南圖書出版公司 印行

自序

　　只要在稍具規模的公司，大概都有撰寫工作報告或企劃案的需求及經驗，即使在一些委外的小公司，也經常面臨要向大公司提案的企劃書撰寫工作。因此，如何寫好一份工作報告或企劃案，不只顯示出個人能力的強與弱，更顯示出這一家公司素質的高與低。

企劃案撰寫的重要性與功能

　　經過這麼多年來的實戰工作經驗，以及諸多朋友的交換心得，筆者認為企劃案撰寫能力的培養，對公司及個人的重要性及功能，主要有以下幾點：

　　(一)培養員工全方位思考：主要在培養員工對一件事情的全方位與全結構性的思考力、判斷力、邏輯力、問題解決力、推理力與快速結構化力的高層次學能訓練；是一種專業能力的培養，不管在哪個部門、單位，都要具備的基本工作技能。

　　(二)訓練以不同層面思考問題：主要在訓練自己如何站在長官立場、全公司立場、全部門立場，以及客戶立場與角度，來解決公司各種營運及經營發展問題的一種能力。

　　(三)找到對的能力提高營運績效：主要在做到如何找到對的人、用對的方法、做對的事情，以提高公司營運績效為目標的一種能力。

　　(四)提供決策者做出最佳決策：企劃案撰寫最大的功能，其實是在提供上級長官及公司老闆了解市場情報、公司經營現況，以及未來發展契機，最後要做出正確、及時和睿智的決策（Decision Making），公司也才會有優良的經營績效可言，而這也是一種能力。

公司各階層主管都要懂企劃案撰寫

　　儘管筆者過去所服務的數家公司，或是在學校授課中，經常碰到同事、部屬或學生，問我如何才能寫好一個企劃案，而對公司有所幫助，或是才有晉升的機會。其實，在公司中，不僅是企劃部門要寫企劃案，依筆者經驗，公司中每個部門都要會寫企劃案，所差別的只是大案或小案而已。因此，最需要企劃案撰寫訓練的，不只是基層專員，而是中階經理級主管，甚至高階副總經理級以上主管，都迫切需要這種教育訓練。因為，如果高階主管都不能分辨部屬撰寫的企劃案是不是很好或是很正確，那又如何對他們的企劃案做出評論及決策？再者，在他們撰寫企劃案之前，又該如何指導他們撰寫呢？

除此之外，公司老闆（董事長或總經理）更要閱讀本書。因為老闆要從更高層次、更寬廣構面、更多元角度、更具體數字資訊、更完整系絡（Context）與更長遠的觀點與視野，對部屬下最後的決策與政策，而本書正是提供如此內涵與判斷。

本書特色

本書可說是一本實用的工具書，一本涵蓋周全架構的參考書，也是一本企劃實戰書，不論如何形容，都有其存在的價值及意涵所在。總結來說，本書具有以下四點特色：

(一)圖解式表達，使人一目了然，能夠快速閱讀了解及吸收：所謂「文字不如表，表不如圖」，圖解式是最快、最佳的表達方式。尤其，現在企業界的報告，大都是採用PowerPoint的簡報方式表達，亦與圖解書相似。

(二)一本歷來企劃案撰寫管理書籍最實用的好書：本書是歷來企劃案撰寫管理書籍，結合最實務與最精華理論的一本實用好書。

(三)本書與時俱進：本書將陳舊的傳統管理教科書全面翻新，並結合近幾年最新的趨勢與議題，而能與時俱進。

(四)本書能幫助你在未來就業競爭力，比別人更強：本書期盼能建立未來學生們及年輕上班族們，在企業界上班必備的企劃分析與企劃撰寫技能，讓你未來在「就業競爭力」比別人更強。

感謝、感恩與祝福

衷心感謝各位讀者購買，並且用心認真的閱讀本書。本書如果能使各位讀完後得到一些學習、啟發與進步，就是筆者最感欣慰了。因為筆者把數十年所學轉化為知識訊息，傳達給各位後進有為的年輕大眾，能為你們種下這塊福田，是筆者最大的快樂。

祝福每位讀者都能走一趟快樂、幸福、成長、進步、滿足、平安、健康、平凡而美麗的人生旅途。沒有各位的鼓勵支持，就沒有本書的誕生。在這歡喜收割的日子，榮耀歸於大家的無私奉獻。再次，由衷感謝大家，深深感恩，再感恩。

戴國良 敬上
於臺北
taikuo@mail.shu.edu.tw

本書目錄

自序   I

第1篇 企劃案撰寫的入門與知識

導言：基本內功，重要企管知識理論精華   002

第 1 章 企劃的基本概念

Unit 1-1	公司為什麼需要「企劃」Part I	006
Unit 1-2	公司為什麼需要「企劃」Part II	008
Unit 1-3	企劃、計畫與決策之關係	010
Unit 1-4	企劃的九項基本概念 Part I	012
Unit 1-5	企劃的九項基本概念 Part II	014
Unit 1-6	企劃案的類型與項目 Part I	016
Unit 1-7	企劃案的類型與項目 Part II	018
Unit 1-8	企劃案撰寫成功的五大本質認識 Part I	020
Unit 1-9	企劃案撰寫成功的五大本質認識 Part II	022
Unit 1-10	企劃案撰寫成功的十九個實務原則 Part I	024
Unit 1-11	企劃案撰寫成功的十九個實務原則 Part II	026

第 2 章 企劃單位編制狀況暨戰略與戰術企劃之區別

Unit 2-1	企劃單位編制三種可能狀況分析 Part I	030
Unit 2-2	企劃單位編制三種可能狀況分析 Part II	032
Unit 2-3	企劃目標四種類型及設定模式 Part I	034
Unit 2-4	企劃目標四種類型及設定模式 Part II	036
Unit 2-5	戰略企劃與戰術企劃之區別	038

本書目錄

第❸章　企劃案撰寫的思考步驟與創意來源

Unit 3-1	企劃案撰寫的八項思考原則 Part I	042
Unit 3-2	企劃案撰寫的八項思考原則 Part II	044
Unit 3-3	企劃案撰寫的四類資料來源	046
Unit 3-4	企劃案撰寫步驟及注意要點 Part I	048
Unit 3-5	企劃案撰寫步驟及注意要點 Part II	050
Unit 3-6	企劃案撰寫步驟及注意要點 Part III	052
Unit 3-7	企劃案撰寫的基本格式 Part I	054
Unit 3-8	企劃案撰寫的基本格式 Part II	056
Unit 3-9	企劃創意培養方法 Part I	058
Unit 3-10	企劃創意培養方法 Part II	060

第❹章　如何成為企劃高手

Unit 4-1	企劃高手應有四大類知識 Part I	064
Unit 4-2	企劃高手應有四大類知識 Part II	066
Unit 4-3	八力提高你的企劃力 Part I	068
Unit 4-4	八力提高你的企劃力 Part II	070

第❺章　企劃成敗因素與問題探索

Unit 5-1	企劃人員成功九大守則 Part I	074
Unit 5-2	企劃人員成功九大守則 Part II	076
Unit 5-3	企劃人員七大禁忌 Part I	078
Unit 5-4	企劃人員七大禁忌 Part II	080
Unit 5-5	企劃失敗的原因及探索 Part I	082
Unit 5-6	企劃失敗的原因及探索 Part II	084
Unit 5-7	企劃失敗的原因及探索 Part III	086

第 **6** 章　市場調查與外部單位分析的藉助

Unit 6-1	市場調查與應掌握原則	090
Unit 6-2	定量調查VS.定性調查	092
Unit 6-3	市場調查內容的類別 Part I	094
Unit 6-4	市場調查內容的類別 Part II	096
Unit 6-5	企劃工作較常藉助的外部單位分析	098

第 **7** 章　好的企劃案內容應具備的架構要件

Unit 7-1	企劃案內容的架構要件與思考點	102
Unit 7-2	企劃人員經常發生五大問題點	104
Unit 7-3	如何解決企劃力五大不足 Part I	106
Unit 7-4	如何解決企劃力五大不足 Part II	108
Unit 7-5	企劃案撰寫內容五大關鍵點	110
Unit 7-6	「好的」企劃案應具備十三項指標	112

第 **8** 章　企劃與判斷力、思考力、顧客導向力及可行性力

Unit 8-1	企劃與判斷力 Part I	116
Unit 8-2	企劃與判斷力 Part II	118
Unit 8-3	企劃與判斷力 Part III	120
Unit 8-4	企劃與思考力	122
Unit 8-5	企劃與顧客導向力	124
Unit 8-6	企劃與可行性力 Part I	126
Unit 8-7	企劃與可行性力 Part II	128

本書目錄

第 9 章　企劃與獲利力、反省檢討力、執行力及六到力

Unit 9-1	企劃與獲利力	132
Unit 9-2	企劃與反省檢討力	134
Unit 9-3	企劃與執行力	136
Unit 9-4	企劃與六到力	138

第 10 章　各類型企劃案撰寫的架構及內容

Unit 10-1	<案例1>公司年度「經營企劃書」內容與思維	142
Unit 10-2	<案例2>「營運業績檢討報告案」內容與思維	144
Uni 10-3	<案例3>年度「品牌行銷事業部門」營運檢討報告書架構	148
Unit 10-4	<案例4>活動（事件）行銷企劃案撰寫架構	150
Unit 10-5	<案例5>創業直營連鎖店經營企劃案架構	151
Unit 10-6	<案例6>向銀行申請中長期貸款之「營運計畫書」大綱	152
Unit 10-7	<案例7>上市公司「年度報告書」內容大綱	153

第 11 章　經營企劃知識的重要關鍵架構、概念與內涵基礎

Unit 11-1	企業營運管理的循環內容	156
Unit 11-2	BU制度	161
Unit 11-3	預算管理	164
Unit 11-4	SWOT分析的內涵	167
Unit 11-5	簡報撰寫原則與簡報技巧	170

第 12 章　經營企劃知識的重要關鍵字彙整 　　　173

第2篇　各類企劃案實例

導言：本書為何只列企劃案撰寫架構？　182

第13章　十九個營運檢討報告企劃案

Unit 13-1　某百貨公司「上半年業績檢討」及「因應對策」報告　186

Unit 13-2　本土啤酒公司邀請張惠妹做年度
「廣告代言人後之廣告效益」檢討報告　187

Unit 13-3　某泡麵公司檢討年度發展「營運策略方針」報告　188

Unit 13-4　某品牌化妝保養品面對「強力競爭」挑戰下的
因應對策檢討報告　189

Unit 13-5　某汽車公司上半年「整體汽車市場衰退」之分析及
因應對策報告　190

Unit 13-6　某食品飲料廠商對「綠茶市場」的競爭檢討分析報告　191

Unit 13-7　某百貨公司「週年慶活動事後總檢討」報告　192

Unit 13-8　某百貨公司「母親節檔期」促銷活動檢討報告　193

Unit 13-9　某化妝保養品檢討分析「市占率衰退」及
「精進改善」企劃案　194

Unit 13-10　某大連鎖便利商店自營品牌「現煮咖啡」
年度檢討報告　195

Unit 13-11　某大百貨公司年度「經營績效檢討」報告　196

Unit 13-12　某汽車公司董事會「調降」年度銷售量目標報告　197

Unit 13-13　某資訊3C連鎖店年度「財務績效」未達成檢討報告　198

Unit 13-14　某衛生棉品牌提升市占率之「行銷績效成果」報告　199

Unit 13-15　某進口橄欖油公司「年度業務檢討」報告　200

Unit 13-16　某中小型貿易代理商「業績無法突破」檢討報告　201

Unit 13-17　某餐飲連鎖店加盟總部面對市場景氣之
「因應對策」報告　202

Unit 13-18　某服飾連鎖店公司「年終營運檢討」報告　203

Unit 13-19 某量販公司去年度「營運績效總檢討」報告   205

第 ⑭ 章 十三個經營企劃案

Unit 14-1 某咖啡連鎖店「大舉展店」營運企劃案   208

Unit 14-2 某飲料公司茶飲料挑戰「年營收100億元」
營運企劃案   209

Unit 14-3 國內某大型3C流通連鎖店「新年度經營企劃案」   210

Unit 14-4 某大型便利商店「新年度營運企劃案」   211

Unit 14-5 某大型汽車銷售公司「新年度經營企劃案」   212

Unit 14-6 某第一大咖啡連鎖公司「今年度經營企劃案」   213

Unit 14-7 某飲料公司分析茶飲料「未來三年發展策略」報告   214

Unit 14-8 某國產漢堡連鎖店「進軍中國大陸市場」策略規劃案   215

Unit 14-9 某藥妝連鎖店開發面膜「自有品牌產品企劃案」   216

Unit 14-10 某大便利商店連鎖店未來三年「中期經營願景」
計畫案   217

Unit 14-11 臺灣面膜市場商機分析報告   218

Unit 14-12 某餐飲集團引進日本厚式炸豬排飯「投資企劃」報告   219

Unit 14-13 某藥妝連鎖店今年「力拼兩位數成長」營運計畫案   220

第 ⑮ 章 九個知名日本公司中期經營企劃案

Unit 15-1 日本SONY公司未來三年「中期經營方針」報告   222

Unit 15-2 日本Panasonic「今年度經營方針」記者會企劃報告   224

Unit 15-3 日本EPSON公司「中期經營計畫」說明會   226

Unit 15-4 日本資生堂「未來三年計畫概要」報告   227

Unit 15-5 日本獅王日用品公司「中期經營計畫」報告   228

Unit 15-6 日本SHARP公司年度記者會「經營計畫」報告   229

Unit 15-7 日本豐田汽車「企業策略發展」簡報   230

Unit 15-8 日本花王公司「年度營運發展」簡報   231

Unit 15-9 日本Canon公司「三年中期經營計畫」報告   232

■第 **16** 章■ 二十二個行銷企劃案

Unit 16-1 某日系家電公司力拼「冰箱銷售額臺灣第一大」
行銷企劃案   234

Unit 16-2 某行動電信公司廣告企劃案   235

Unit 16-3 某啤酒公司年度廣告企劃案   236

Unit 16-4 某飲料公司推出「新品牌茶飲料」企劃案   238

Unit 16-5 某食品飲料公司「業績檢討強化」計畫案   239

Unit 16-6 某百貨公司「週年慶促銷活動」企劃案   240

Unit 16-7 會員活動「會員珠寶銷售展示會」企劃案   241

Unit 16-8 政府單位某機構十週年慶系列活動企劃案   242

Unit 16-9 某縣市休閒農業媒體宣傳及行銷推廣企劃案   244

Unit 16-10 某郵政公司「郵政業務媒體推廣」企劃案   245

Unit 16-11 對行政機關舉辦「植樹月」委外規劃活動企劃案   246

Unit 16-12 某購物中心七週年慶促銷活動企劃案   247

Unit 16-13 某皮鞋連鎖慶祝200店推出第2雙鞋200元促銷活動案   248

Unit 16-14 某精品公司年度貴賓之夜VIP活動企劃案   249

Unit 16-15 某酒品公司舉辦「開瓶見喜抽獎」活動企劃案   250

Unit 16-16 某政府單位舉辦「中秋河川音樂文化祭」
晚會活動企劃案   251

Unit 16-17 某廣告公司對某公司「品牌形象」CF廣告、
平面廣告及海報製作企劃提案   252

Unit 16-18 某政府行政機關舉辦「選舉反賄選」宣導
委辦媒體企劃案   253

Unit 16-19 某飲料公司規劃「冷藏咖啡」新產品行銷策略報告   254

Unit 16-20 某蜆精產品「新年度行銷企劃」報告案   255

Unit 16-21 某公司洗潔精「新產品上市」整合行銷企劃案   256

Unit 16-22 某新品牌酒品上市行銷推廣企劃案   257

■ 第 **17** 章 ■ 十個財務企劃案

Unit 17-1 某公司「海外上市」相關準備工作企劃案   260

Unit 17-2 某公司申請銀行「中長期聯貸」企劃案   261

Unit 17-3 某證券公司承銷某公司「股票上櫃」規劃案   262

Unit 17-4 某上市公司新上市「法人公開說明會」企劃案   262

Unit 17-5 某申請上市公司向「上市審議委員會」簡報企劃案   263

Unit 17-6 國內某大企業集團集合旗下公司舉行「法人說明會」
企劃案   264

Unit 17-7 某大水泥廠聯貸簽約記者會企劃案   265

Unit 17-8 某電視公司「私募募股」說明書   266

Unit 17-9 國際某知名券商赴國內某大公司做實地訪查之
提問綱要   267

Unit 17-10 某公司採取公開募集公司債發行之「進度時程」
計畫表   268

■ 第 **18** 章 ■ 如何撰寫創業企劃書

Unit 18-1 創業為什麼要寫企劃案   270

Unit 18-2 創業企劃書撰寫大綱架構   270

Unit 18-3 青輔會創業貸款介紹   276

Unit 18-4 創業為何及如何賺錢與虧錢   278

Unit 18-6 資產負債表與財務槓桿運用   280

Unit 18-5 現金流量   280

Unit 18-7 公司申請上市櫃，創造企業價值   281

Unit 18-8 七個案例大綱參考   282

Unit 18-9　創業較易成功的要件與行業　　　286

Unit 18-10 常見的不良創業現象　　　287

Unit 18-11 事業經營成功的關鍵因素　　　288

企劃案撰寫的入門與知識

第1章　企劃的基本概念

第2章　企劃單位編製狀況暨戰略與戰術企劃之區別

第3章　企劃案撰寫的思考步驟與創意來源

第4章　如何成為企劃高手

第5章　企劃成敗因素與問題探索

第6章　市場調查與外部單位分析的藉助

第7章　好的企劃案內容應具備的架構要件

第8章　企劃與判斷力、思考力、顧客導向力及可行性力

第9章　企劃與獲利力、反省檢討力、執行力及六到力

第10章　各類型企劃案撰寫的架構及內容

第11章　經營企劃知識的重要關鍵架構、概念與內涵基礎

第12章　經營企劃知識的重要關鍵字彙整

導言
基本內功，重要企管知識理論精華

撰寫一份好的、有效的、精彩的與可行的大型企劃案，並不是一件容易的事，因為這樣的企劃案必須藉助公司內部很多部門的專業人力。但是最重要的，還是要有一個思慮縝密與組織力強的人及單位，將它整合出來。

理論＋實務：相得益彰

筆者在企業界25年來，開過上千次大大小小的會議，看過數千份大大小小的報告書（或企劃書），深刻體會到負責人、高階主管、中階幹部及基層人員不同的表現功力、優點及缺點。

當筆者於民國76年從臺大碩士班剛畢業時，只學過企管理論（當時也不是真的很懂，因為還缺乏實務工作經驗）。然後在工作25年後，筆者每天都在學習，像海綿一樣趕快吸收東西，也像吃維他命一樣，趕快補充各種營養品。另外，筆者還在民國83年，以在職進修方式，辛苦完成了7年的臺大商研所博士學位，目標只有一個：希望在最短時間，使自己茁壯強大，無所不知，也無所不通。幸運的是，筆者透過上千次各種會議及上千種報告，再加上本身求知若渴，不斷追求成長，因此實務知識視野、組織能力及決策判斷力，也隨之顯著提升。但是，25年來，筆者仍深深覺得「實務」應該還要結合「理論」，才會使每天忙於企業運作的我們，仍有一些頭緒可尋、邏輯可順、思路可看遠，並且肯定自己的決定（決策）是否正確無誤，以及是否會忽略了某些觀點與層面。因此，不管是下決策、撰寫一份企劃報告，或是分析一件重要事情，都需要融合「實務經驗」與「理論架構、內涵」，才會是最佳的營運決策。

從公司成員常見缺失，看基本內功的重要性

事實之一：理工科及文科畢業生較缺乏企管知識

平實客觀來看，理工科及文科畢業生，在企業內部工作，是較缺乏企管知識的，這也成為他們更上一層樓的一些障礙。例如英文系、大傳系、新聞系、廣電系、中文系、經濟系、圖書館、社會系等文科學生，要從事高階企劃工作，會有企管專業知識與認知不足的缺失。因此，要做好企劃工作，應該自我加強企管領域的專業知識，或是再去上EMBA課程。至於那些由科技理工系所畢業擔任公司中高階主管的人，應該也有加強EMBA班專業知識的空間。

事實之二：基層員工如果沒有把企管理論讀通，將會有何困頓？

筆者常見基層員工如果沒有把企管理論讀通，將會在撰寫企劃案上，發生下列缺失：

1. 企管專業名詞的運用不足或不會運用，顯得缺乏水準或內容貧乏，亦即 Disqualify（不夠格）。
2. 內容構面或系絡（Context）不夠周密完整，經常缺三漏四，這也是缺乏嚴謹企管理論訓練的結果。因為高階決策者，通常在看或聽報告時，首要注意的即是這個報告是否思慮周密與構面完整，把應該想到的事，全都想到了，然後呈現在報告上面。
3. 不講求與不知道邏輯，報告內容跳來跳去，先後不一，也不知道重點何在。這也是常見的缺點。
4. 對於關鍵問題點或背景原因的陳述，或決策的取捨點，均可與企管理論相結合，但是如果沒有讀通企管理論，就不懂如何加以有效的結合運用。這是最高境界的一種功力展現。

事實之三：高階主管如果沒有把企管理論讀通，將會有何傷害？

另外，從中高階主管角度來看，熟讀與讀通企管理論，其實更是重要。

1. 當你讀通企管理論時，你才有組織能力、智慧與專業知識教導底下的企劃專員、業務專員或財務專員，撰寫好一個你所交待的專案報告。如果你的企管概念貧乏，如何指示部屬寫好報告？部屬要如何信服於你？
2. 此外，企管博大精深並且隨時代而變化的理論，也會有助於高階主管在面對部屬做口頭報告或閱批書面報告時，能有充分的能力，做出正確的決策。

翻轉的人生

如果你是上班族，不要對「雇主」留一手，不要成天講電話聊天，浪費他的時間和他的錢。如果你在挖馬路，不要老是坐在挖土機旁打瞌睡，拿出熱情和幹勁做你的活兒！

「可是，他們付的錢太少。我不想替他們賣命。」

有這種態度，你就很難得到祝福。上帝希望你全心全意，一無所留，拿出你的熱忱，要做個好榜樣，即使仍看不到前面的道路，即使仍有許多的不公不義，但因著你的無私，相信你的人生也必被翻轉。

第 **1** 章
企劃的基本概念

章節體系架構 ▼

Unit 1-1 公司為什麼需要「企劃」Part I

Unit 1-2 公司為什麼需要「企劃」Part II

Unit 1-3 企劃、計畫與決策之關係

Unit 1-4 企劃的九項基本概念Part I

Unit 1-5 企劃的九項基本概念 Part II

Unit 1-6 企劃案的類型與項目 Part I

Unit 1-7 企劃案的類型與項目 Part II

Unit 1-8 企劃案撰寫成功的五大本質認識 Part I

Unit 1-9 企劃案撰寫成功的五大本質認識 Part II

Unit 1-10 企劃案撰寫成功的十九個實務原則 Part I

Unit 1-11 企劃案撰寫成功的十九個實務原則 Part II

Unit **1-1**
公司為什麼需要「企劃」Part I

　　現代企業愈來愈重視企劃單位及企劃功能，「企劃」對公司的貢獻也日益顯著，而「企劃」的涵蓋領域也日益擴大延伸，幾乎公司內部組織都會有企劃單位及專責的企劃人員。而公司企劃單位的組織層級，也從一般部門向上提升到直屬董事長室、總經理室或總管理處，位階及功能不斷向上提高。

　　但是，公司為什麼需要「企劃」？「企劃」到底有什麼重要？它對公司的貢獻究竟何在？一般歸納來說，主要有七個原因，茲分別說明之。

一、企劃作為「高階決策判斷」的依據

　　各位都明瞭高階主管每天最重要的工作，就是做「**決策判斷**」，亦即所謂的Decision-Making。因為高階主管的決策對公司影響太大了，因此決策判斷的對與錯，必須非常審慎看待。

　　問題是，高階決策判斷的依據是來自哪裡？在比較專制威權的公司體制裡，很可能是仰賴老闆的經驗與智慧，換言之，是老闆「一人決策」，老闆非常強勢，一人說了就算數。「老闆一人強勢決策」的影子，無所不在，成為企業組織文化的一環。此種決策當然有利有弊，但衡量現代優越決策機制與精神來看，「老闆一人強勢決策」並不是最好的決策模式，因為現代複雜且競爭激烈的商業環境，早已超出老闆一人決策的經驗及智慧所能及了。換言之，老闆今天需要的是藉助經營團隊的智慧與經營團隊的能力，因此團隊決策模式的完整性與周延性，遠勝於老闆一人決策模式。而團隊的經驗、智慧與能力，則必須表現在「企劃案」的分析報告上，向老闆或高階主管做專案會議報告或書面簽呈報告，以利高階主管做出決策。

　　總結來說，有好的企劃案，才會有好的高階決策判斷，然後才會有好的營運成果。因此企劃對公司來說太重要了。

二、企劃可作為「執行」的基礎與「考核」的根據

　　學過管理的人都知道，所謂「管理循環」是指：企劃→組織→領導→指揮→激勵→考核→再企劃。或更簡化來看，管理也可視為是：企劃（Plan）、執行（Do）、考核（Check）與再執行（Action），即P-D-C-A四連制。因此，我們可以說，企劃報告（或企劃案）將是落實貫徹「推動執行」的重要基礎，以及執行告一段落後的「考核」根據。因為在完整的企劃報告內，會提出執行方案、如何執行，以及執行後將會有哪些預計效益或預算根據。

　　從上述來看，企劃工作已成為企業管理的「首要功能」。實務上，我們常聽到：「好的企劃案，不一定能成功；但沒有好的企劃案，則一定不會成功。」顯示企劃案的重要性及必要性。此彰顯企劃工作與企劃報告書確實重要無比。因為有好的企劃案，執行起來將會較有秩序、有章法與邏輯可循，而且將來也能落實考核目的，否則無從考核與再改善。

公司為什麼需要企劃

公司為什麼需要企劃？

① 企劃可作為「高階決策判斷」的依據

② 企劃可作為執行的基礎與考核的根據

③ 企劃是面對同業競爭壓力的對應利器

④ 企劃可因應面對日益複雜的經營環境變化

⑤ 企管工作愈來愈複雜

⑥ 企業不再是完全受市場宰割的無力羔羊

⑦ 決策時間幅度愈來愈長，既爭一時，更爭千秋

從老闆決策到團體決策

過去	現在	
老闆一人決策，說了算！	高階團隊決策！高階共識決策！	企劃案 企劃案 企劃案

管理循環P-D-C-A

A 再執行　　P 企劃

管理循環

C 考核　　D 執行

即以P（企劃）為首要動作

Plan（企劃、計畫、策劃）為管理與領導的首要行動舉措！

有好的企劃案，事情就成功一半！

優良可行企劃案 ➡ 有利：做下正確決策 ➡ 成功的一半與成功的開始！

好的企劃案，不一定能成功；但沒有好的企劃案，則一定不會成功！

Unit 1-2
公司為什麼需要「企劃」Part II

公司為什麼需要企劃，除了可作為高階決策的判斷依據、執行基礎與考核根據外，還有什麼更重要的原因呢？以下將進一步說明。

三、企劃是面對同業「競爭壓力」的對應利器

現代企業來自同業競爭壓力非常大，在這種狀況下，企業必須發揮強大的企劃力，做好競爭分析與SWOT分析（企業內部資源優劣勢分析與外部環境機會、威脅分析），提出有效的因應策略。此將是企業面對同業強大競爭壓力的最大利器。

四、企劃因應面對日益複雜的經營環境變化

企業所面對的競爭來源，不只是「競爭對手」，還得面對變化多端的經營環境。包括消費者環境、大客戶環境、產業法令環境、社會文化環境、人口變化環境、國際政治與經貿環境、科技環境、供應商環境，甚至是國內政治環境等。

這些環境變化的層次、深度、廣度與速度，均大大影響企業的營運績效。而此均使企劃分析與企劃報告日益重要，因為唯有透過周全、完善與即時的企劃，才足以剖析及因應日益複雜的經營環境，並訂出對應的策略方案。

五、企管工作愈來愈複雜

企業管理的工作愈來愈複雜，所以不能不多運用企劃功夫。尤其當企業規模不斷擴大、產品線及市場區隔愈益多元化與精細化，所以必須透過團隊的企劃、執行及控制功夫，才能順利運作。

當企管工作日益複雜時，如何「運籌帷幄，決勝千里之外」，將考驗企劃人員的功力與企劃單位的功能。

六、企業不再是完全受市場宰割的無力羔羊

企業若能善用全體成員之腦力，包括積極創新精神及冷靜分析能力，不僅能夠適應或跟隨時勢，尚能創造有利時勢。企劃力將使企業不再是完全受市場與環境任意宰割的無力羔羊，並能掌握一些主導權。

七、決策時間幅度愈來愈長，既爭一時，更爭千秋

實務上，中期性（一至三年）及長期性（三至五年）的策略性企劃案日益重要。部門主管所要負責的是短期性（一年之內）的預算目標達成，以及如何因應市場短期的競爭壓力。但是身為事業群總經理、公司總經理、集團董事長或董事會所重視與需要的，乃是三至五年，甚至十年後的企劃案。因此，當決策時間幅度拉大後，即必須有系統、邏輯、系列性與前瞻性的中長程企劃分析及企劃報告，才能為公司與整個企業集團發展，奠下順利進階成長之基礎，而這就需要「企劃」。

企劃的功用是什麼

企劃功用

1.有效面對競爭壓力	2.有效面對經營環境的巨變	3.有效作為高階決策之用	4.管理與領導行動的第一步

打造企業競爭優勢！

企業的競爭壓力

變動的年代，企業所要面對的同業壓力持續不斷。包括價格競爭、新產品上市壓力、促銷競爭、大客戶搶奪競爭、策略聯盟競爭、通路競爭、擴廠規模競爭、時間卡位競爭、低利率資金競爭、人才爭奪競爭、廣告競爭、品牌競爭、技術創新競爭、全球運籌競爭，以及品質競爭等各種多元化、多層次、多構面之無情激烈的競爭。

企劃的洞見是什麼

企劃洞見

① 洞見商機何在

② 洞見威脅何在

③ 洞見什麼是對的方向

④ 洞見什麼是對的策略

⑤ 洞見什麼是該做正確之事

企劃的時間長度

戰略企劃（承先啟後的企劃）

短程企劃（1年之內）	中程企劃（1～3年）	長程企劃（3年～5年）

戰術企劃（現在怎麼做？）　　大戰略企劃（未來該怎麼走？走向何方？）

企劃是：既爭一時，更爭千秋

短程企劃	➡	爭一時	➡	達成今年度預算目標及更佳績效
長程企劃	➡	爭千秋	➡	未來3～5年仍能保持企業的成長動能

Unit **1-3**
企劃、計畫與決策之關係

　　企（規）劃（Planning）、計畫（Plan）與決策（Decision-Making）這三個觀念看起來很接近，實際上，彼此之間是有差異的。

一、企（規）劃與計畫之差異

　　(一)「企（規）劃」的劃有刀旁：代表是一種活動的過程，特別是思考與共同討論的過程，或是成為共同腦力激盪、發現問題與解決問題的共同過程。因此，「企（規）劃」是活的、有生命的、彈性的、可變動的、可長可短的、機動的。

　　(二)「計畫」的畫沒有刀旁：代表是一種靜態的事件，亦為前述「企（規）劃」之後完成的其體書面文案結果。

　　因此，「計畫」是書面的，供為參閱和作口頭報告的，以及最後決策的依據來源與判斷結果。

二、企（規）劃與決策之差異

　　企（規）劃與決策兩者均為一種選擇的過程，而且同為理性的運作過程。

　　「企（規）劃」是幫助公司經理人員或最後決策者，分析、評估、思考、抉擇及選定現在應該做些什麼方案，使得這些方案在不確定的未來進展時，能夠順利與有效地推動實行。

　　「決策」則是一種經驗與觀念的判斷及選擇。對業務單位及幕僚單位已企劃好的方案，做出最適的決定與最佳的判斷，並對部屬下達決策指令。

三、企劃、計畫、決策與再企劃是一個循環四連制關係

　　如前所述，雖然企劃、計畫與決策三者間彼此存在一些差異，但是這三者卻是一個循環連制的關係，彼此相互依賴，然後才會產生出對公司的價值，如下說明的四步驟關係。

　　通常公司面臨一項重大問題挑戰，或是出現未來問題的徵兆時，專業企劃幕僚單位可能會主動提出，或由董事長下令相關單位進行研討、討論、思考、動腦，並進行預先規劃作業。這就是處在第一步的企劃階段。然後在企劃案正式經過跨部門、跨單位或跨公司討論並修改之後，即正式成為「計畫案」。這是第二步的計畫成形階段。

　　最後，必須將此「計畫案」提報到各種決策會議，再加以討論及決定。這種決策會議，可能包括最高層的董事會，或是跨公司總經理級高階決策會議，或是公司內部專案委員會議，或是公司內部的一級主管組成的經營決策會議。

　　這些高階決策會議，經過理性的辯論並經必要修正，最後會形成決議共識，並做下相關決策指示。這就是第三步的決策選擇階段。

　　當第三步的決策落實在實務運作上遭遇困難時，即再重新企劃擬定策略。這是第四步，也是進入另一個循環的開始。

企劃、計畫、決策、再企劃 4 循環

第一步

先進行：

企（規）劃
（Planning）

第四步

再規劃
（Replanning）

第二步

然後成為：
計畫
（Plan）

追根究柢

第三步

最後做：
決策
（Decision-Making）

企劃VS.計畫

靜態的文書

計畫書

動態的思考、討論、辨正、評估與抉擇

企劃

企劃＋計畫＋決策＋再企劃＝「追根究柢」

如上所述來看，企劃→計畫→決策→再企劃的循環四連制，其實就是一種「追根究柢」的精神與貫徹表現。

公司若能在各個部門，真正落實這種循環四連制與追根究柢精神，相信很多潛在問題，都能預先加以化解，並轉危為安，因為危機就是轉機。即使是突然出現的問題，透過這四連制，也可以得到有效解決。

危機就是轉機

Unit 1-4
企劃的九項基本概念 Part I

企劃的基本概念及特性，可大致歸納為九項，由於內容豐富，特分兩單元說明。

一、企劃基本性質——看「現在」，但更重「未來」

企劃所考慮的問題，除了「現在」問題外，更重要的是「未來」。亦即在檢討、探索公司未來的方向、策略、目標、作法，以及可行計畫方案。更簡單來說，它是在深思熟慮兩個主軸：

1.公司應有什麼願景目標？（What to Do?）
2.公司應如何達成這些願景目標？（How to Reach?）

而企劃的總作用，就在於滿足這兩個主軸核心需求。

從另一個角度來看，企劃不僅要爭一時（現在），更要爭千秋（未來）。換言之，企劃在使公司現在得以存活下去，而且未來會活的更好、更強大。

二、企劃是一種「理性」的分析與選擇

企劃在本質上，應是一種客觀的事實、評估、分析、討論與選擇。換言之，各種企劃單位及企劃人員，必須盡可能運用數位化與系統化的相關數據，包括民調數據、研究機構數據、產業界數據、政府數據、顧客數據、供應商及通路商數據、國際數據、競爭者數據，以及公司內部自身數據，來選擇目標、方向、策略、作法及最實際的執行方案。

當然，公司的決策也不可能都是百分百的理性與數據化，這中間可能還帶有若干成分的「未知性」、「不可預測性」、「不可掌握性」，以及「變化多端性」，但不管如何，公司最高決策者，仍須以理性為主軸，而把「賭性」及「感性」降至最低。如此，才可以把公司的未來風險也降到最低。換言之，公司專業經理人及高階決策者，不是想到什麼就做什麼。也不是想一個念頭、一時興起或一次報告，就草率做下影響深遠的重大公司決策。

三、企劃是一種「動態性」與「有彈性」的思維活動——移動式企劃

企劃案不是討論過並訂下之後就一成不變了，這是最錯誤的想法。我們一再強調「企劃」是因應「環境」而存在，既然公司所面臨的國內外經濟、法令、科技、社會文化、顧客、供應商與競爭者等環境是每天都在變動的，因此企劃勢必也要跟著動態（Dynamic）與彈性（Flexible）應變。

以上論點，筆者稱之為「移動式企劃」模式。唯有動態與彈性，公司才能不斷的達成新目標挑戰與既有競爭挑戰。

現在公司經理人及高階經營者，必須拋棄「傳統式」僵化企劃模式的老舊思維與作法，而改採創新思維與作法的「移動式」企劃模式。這樣才能適宜因應外部環境與競爭者環境的強大壓力。

企劃 9 項基本概念

企劃的基本概念

① 企劃看現在，亦重未來

② 企劃是一種理性分析與選擇

③ 企劃是動態性與有彈性思維活動

④ 企劃是邏輯性程序

⑤ 企劃要區別時間長短

⑥ 企劃範圍從小到大都有

⑦ 企劃為管理功能之首

⑧ 企劃應是完整性與全方位

⑨ 企劃表達必須書面為主，口頭簡報為輔

企劃面對環境與人為困境

1 環境面困境

①環境未知性
②環境不可預測性
③環境不可掌握性
④環境變化多端性

企劃的「理性」分析與選擇的二種困境

2 人為面困境

①人為的賭性
②人為的感性
③人為的企業文化性

企劃是彈性的與動態的

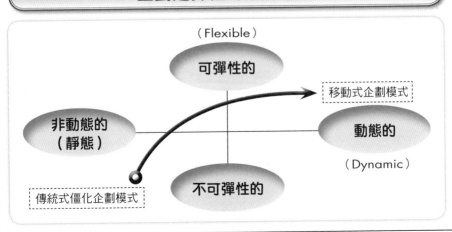

（Flexible）

可彈性的

移動式企劃模式

非動態的（靜態）

動態的

（Dynamic）

傳統式僵化企劃模式

不可彈性的

Unit 1-5
企劃的九項基本概念 Part II

企劃不只針對現在，更看重未來。因此如何邏輯性的推演，乃是必要訓練。

四、企劃是一種有「邏輯性」的程序

企劃其實是一種邏輯思維、系統程序與組織能力的訓練，一個成功的企劃專業經理，必然是一個邏輯清晰且組織能力相當強的人。因為企劃的程序，包括分析現實環境→了解自身的優缺點→設定企劃目標何在→研訂策略方向與原則→編訂執行方案（包括細部政策、計畫、預算、排程、人力等多項）→展開行動與回饋訊息情報→再企劃。可見企劃的程序確實是有步驟、有系統與有組織的。

五、企劃是要區別「時間」的長短

公司企劃案有些是屬於短期計畫案，有些則是中長期計畫。而完成企劃報告的需求時間也不太相同。

短期計畫是要解決當前或是即將出現的問題，故向決策單位提報時間要短些，例如：限一天、一週或二週內完成；中長期計畫案是要前瞻三年、五年甚或十年後的問題與機會所在，故向決策單位提報時間可長些，例如：一個月或二個月或一季完成。

公司營運活動既要爭一時，因此要有不少短期計畫，以使當前的營收、獲利及EPS績效均能成長創新高；但也要爭千秋，因此也要有人負責中長期計畫提報，才可以架構出公司與集團的未來，公司未來又處在什麼樣的市場地位。

六、企劃的「範圍」從小到大都有

企劃的範圍小到一個業務單位的業績目標，中到一個公司的發展規劃，大到一個集團的全球版圖布局企劃，都包括在企劃的範圍之內。

七、企劃是「管理功能」之首

企劃是管理功能循環之首，亦即：企劃→組織→領導→協調激勵→控制考核等。因此，實務上常見，要做好任何一切決策與管理之前，應先做好企劃。

八、企劃應是「完整性」與「全方位」

企劃應是一種全面性與完整性的策劃過程，不應只偏重自身部門。亦即，企劃應將公司相關部門及關係企業之資源、支援、介面、功能相補及整合效益等，拉到同一地位看待，才能善用有限資源創造最大效益，並避免部門間與公司間人員相互掣肘。

九、企劃的表達以書面計畫為主，簡報為輔

企劃案的表達，除了書面簽呈給上級主管或敬會各單位知悉外，也經常以口頭簡報開會方式做提報，畢竟很多老闆喜歡親身聆聽，互動詢問，再做決策。

企劃內容 7 程序

① 分析現實環境

② 了解自身的優缺點

③ 設定企劃目標何在

④ 研訂策略方向與原則

⑤ 編訂執行方案（計畫、預算、人力、排程……）

⑥ 展開行動

⑦ 觀察成果與再檢討

企劃與邏輯關係

企劃與邏輯

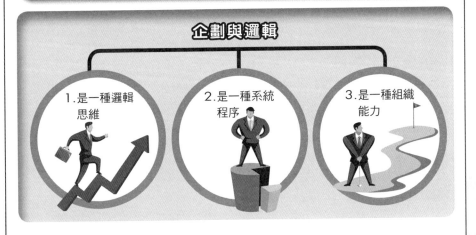

1.是一種邏輯思維

2.是一種系統程序

3.是一種組織能力

企劃應堅守理性分析

企劃的堅持

應是對客觀內外部事實、變化與因應的一種評估、分析、討論與抉擇！

Unit 1-6
企劃案的類型與項目 Part I

前文我們介紹企劃對公司的重要性及企劃的基本概念後，本單元將進入到企劃案的核心重點之一。亦即，究竟企劃案有哪些類型及內容，可對公司貢獻良多。由於內容豐富，特分兩單元說明。

一、企劃不是只有一種而已

很多人有一個誤解的觀念，好像企劃，只有「行銷企劃」一項才是「企劃」。這是窄化了企劃的功能與矮化了企劃的視野。

二、企劃的分類：三大群十一大類

依筆者在實務界十多年的經驗，以及友人們在其他公司多年的經驗，總結顯示完整歸納來看公司的企劃，其分類可以整理為三大群及十一大類。茲先將三大群說明如下：

(一)屬於最高層級的企劃功能及企劃案，即「戰略層級企劃案」（Strategic Planning）：包括經營（策略）企劃案及投資企劃案兩個大類。這些企劃案將影響公司的策略性定位、持續競爭優勢及長遠成長。

(二)屬於創造營收及獲利來源的「營運層級企劃案」（Operational Planning）：包括研發企劃、生產企劃、銷售企劃及行銷企劃案等四大類。

(三)屬於支援營運活動的「支援幕僚層級企劃案」（Supporting Staff Planning）：包括財務企劃、組織及人力資源企劃、資訊企劃、法規企劃及管理企劃等五大類。

三、十一大類企劃案的八十五個名稱細目

中大型公司中，經常見到的企劃案，大致可整理為十一大類的八十五個項目。當然，真正來說，實務中也不只這八十五個企劃案名稱細目。但是，筆者盡可能挑選比較常見，且對公司也比較重要的企劃案，至於較小或不太重要的企劃案，就沒有列出。但是，光是這八十五個企劃案名稱細項，就算很多了。一個公司要是真正能做好這八十五個企劃案，公司必可持續創造獲利與市場領先地位的長青歲月。

(一)經營（策略）企劃案（Business Planning）：1.銀行貸款營運計畫書企劃案；2.國內增資營運計畫書企劃案；3.海外募資營運計畫書企劃案（GDR、ADR、ECB）；4.集團發展策略規劃企劃案；5.新事業進入評估企劃案；6.產業分析及調查研究企劃案；7.集團資源整合運用企劃案；8.董事長演講稿、記者專訪答覆稿企劃案；9.全球布局策略規劃企劃案；10.國內外策略聯盟合作企劃案；11.對外重要簡報企劃案，以及12.公開年報撰寫企劃案。

(二)業務企劃案（Sales Planning）：1.業績競賽與獎金企劃案；2.業務人員培訓企劃案；3.業務組織調整企劃案；4.電話行銷企劃案；5.提升業績企劃案；6.國外參展企劃案，以及7.業務通路強化企劃案。

各部門都要企劃

 企劃部 撰寫企劃案

 全體部門 都要撰寫企劃案

企劃案3大層級

企劃案3大層級

1.戰略層級企劃案 —— 總公司經營企劃部、各事業部高階提案

2.營運層級企劃案 —— 各營運部門日常運作企劃案

3.支援幕僚層級企劃案 —— 人資、總務、行政、資訊、法務、財務、會計等

企劃案撰寫11大類

1.經營企劃案
（策略企劃案）

2.業務企劃案

11.資訊企劃案

3.財務企劃案

10.法規企劃案

企劃案撰寫
11大類

4.投資企劃案

9.管理企劃案

5.行銷企劃案

8.生產企劃案

6.組織與
人力資源企劃案

7.研發企劃案

Unit 1-7
企劃案的類型與項目 Part II

前文介紹公司常見十一大類企劃案的兩類，是否覺得可觀？當你再看完這單元的介紹後，說不定會恍然發現——原來企劃案分這麼多種。因此，我們可以這麼說，只要公司存在營運一天，就有企劃活動存在。企劃就是營運的主體核心所在。

三、十一大類企劃案的八十五個名稱細目（續）

(三)財務企劃案（Financial Planning）：1.國內外上市上櫃企劃案；2.銀行聯貸企劃案；3.海外募資企劃案；4.國內發行公司債（CB）企劃案；5.國內外私募增資企劃案；6.國內外公開增資企劃案；7.不動產證券化財務企劃案；8.改善財務結構企劃案；9.新年度預算企劃案；10.當年度預算企劃案，以及11.中華信評公司評等企劃案。

(四)投資企劃案（Investment Planning）：1.國內外財經轉投資企劃案；2.國內外經營轉投資企劃案；3.國內外合併企劃案；4.國內外收購企劃案；5.閒置資金投資企劃案，以及6.轉投資效益定期分析案。

(五)行銷企劃案（Marketing Planning）：1.新產品上市企劃案；2.廣告企劃案；3.促銷企劃案；4.價格調整企劃案；5.通路調整企劃案；6.提升顧客滿意度企劃案；7.公共媒體關係企劃案；8.企業形象與品牌形象企劃案；9.市場調查企劃案；10.服務體系改善企劃案；11.產品改善企劃案；12.包裝改善企劃案；13.記者會、產品發表會、法人公開說明會企劃案，以及14.事件行銷活動企劃案。

(六)組織與人力資源企劃案（Human Resources Planning）：1.組織結構調整企劃案；2.主管儲備培訓企劃案；3.績效考核企劃案；4.技術人員培訓企劃案，以及5.人力產值成長企劃案。

(七)研發企劃案（R&D Planning）：1.新產品研發企劃案；2.品質改善企劃案；3.關鍵技術研發企劃案；4.生產技術改善企劃案，以及5.技術授權（引進）合作企劃案。

(八)生產企劃案（Production Planning）：1.良率提升企劃案；2.製程效率提升企劃案；3.品管圈活動企劃案；4.生產自動化企劃案；5.零庫存企劃案；6.降低採購成本企劃案；7.ISO認購推動企劃案，以及8.生產績效分析企劃案。

(九)管理企劃案（Management Planning）：1.作業流程精簡企劃案；2.降低管銷費用企劃案；3.企業文化再造企劃案；4.制度規章革新企劃案，以及5.員工提案獎勵企劃案。

(十)法規企劃案（Legal Planning）：1.離職人員競業禁止企劃案；2.公司機密檔案保密法規企劃案；3.智產權（IPR）保護企劃案；4.產業法令修改建議企劃案；5.消費者權益保障企劃案；6.呆帳追蹤處理企劃案，以及7.全球商標登記企劃案。

(十一)資訊企劃案（Information Planning）：1.建置POS（銷售時點資訊系統）企劃案；2.建置B2B（企業對企業）資訊企劃案（SCM／EOS）；3.建置CRM資訊企劃案；4.建置B2C（消費者）購物網站企劃案，以及5.建置B2E（員工）資訊企劃案。

各類企劃案的目的

1.經營企劃案

集團或公司未來短、中、長程事業版圖與發展應該何去何從?

2.研發企劃案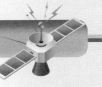

公司技術策略走向與公司新產品,每年應該產出多少?

3.業務企劃案

公司為達成今年度預算目標所應採行的具體行動為何?

4.投資企劃案

DIJ 113.44
YCH 140.97
GGL 22.16

公司為尋求未來成長動能,在國內外應該有哪些投資行動?

5.財務企劃案

為尋求集團及公司的各種發展與成長方案,公司財務部應如何做好籌集資金行動?

6.組織與人力資源企劃案

為尋求公司組織架構與人力條件符合每個階段發展所必需的變革與改變行動。

7.生產企劃案

為因應業務部訂單與銷售需求,而做出的生產計畫行動。

8.資訊企劃案

為滿足各事業部與各幕僚單位電腦化作業需求,由資訊單位提出的各種資訊化計畫。

Unit **1-8**
企劃案撰寫成功的五大本質認識 Part I

撰寫一份成功的企劃案，當然是由很多因素配合而成。不過，依筆者在企業界二十五年來的經驗，顯示至少應有五項關鍵成功本質，因內容豐富，特分兩單元說明。

一、你是否具有基本內功知識？

所謂內功知識，我想可以區分為兩大類，茲說明如下：

(一)專業知識（或稱專長知識）：例如你是法務長，就必須對法律本行知識有很深入的了解；如果你是營運長，就必須對業績方面的本行知識有很深入的了解；同樣的，如果你是技術長、財務長、廠長、採購長、資訊長、研發長、策略長、人事訓練長、會計長等，也必須對相關的專業功能知識，有比別人更高一籌的地方才對。

(二)非專業知識：最好也要有很好的認識，我把它們稱為一般性企業知識，包括行銷（Marketing）、財會（Financial）、國際企業管理（International Bussiness Management），以及策略管理（Strategy）等四大領域的一般性內功知識。

如果你能同時具備自己專業本行知識，又擁有上述四大領域的內功知識，那麼才有機會成為事業總部的總經理或全公司的總經理。

二、你是否每天都在進步中？

除了前面的基本內功之外，企業每天面對的就是競爭、變化與進步。因此，如果你沒有經常看書、閱讀專業與財經商業書報雜誌，你將會跟不上時代與環境的無情競爭、激烈的變化與不斷進步。換言之，你那幾套「老功夫」總有一天會趕不上新時代的新需求，甚至會落後部屬很多，不只是學歷落後，而且專業知識及一般知識也都落後，這真是「長江後浪推前浪，前浪（前輩）趴在沙灘上」。

而寫企劃案也是如此，當你追問為什麼（Why）、思考如何做（How）、多少預算（How Much），以及分析效益（Evaluate）時，若是缺乏最新的外部訊息與知識時，就必然寫不出好想法、好作法與好點子。

三、你是否會不斷思考及追問──問題與機會？

企業經營，每天面對競爭者、國外大環境、上游供應商、下游大顧客、千千萬萬消費者、政府法令、科技變化、國外同業競爭、社會文化變動等等，這些都在動態中產生變化。而變化的結果，只有兩種：好的方面，會出現很多機會或商機；壞的方面，可能引出很多問題、困難與挑戰。因此，企業經營就在「問題」與「機會」中持續反轉中，一天過一天，一年過一年。而能夠掌握機會的企業家或企業，才會成為A⁺級卓越企業。而無法體會到問題或面對問題無法解決的，就會變成C級衰退中企業。兩者分野竟是如此之大。

可見「問題」與「機會」是一刀的兩面，在生與死之間做抉擇。這就是企業的現實面，也是優勝劣敗的資本主義根本思想。

企劃案撰寫成功5大本質認識

1.你是否具有基本內功知識？

5.你是否了解什麼是構面與系絡？

企劃案成功5大本質

2.你是否經常看書？看專業書報雜誌？而能每天都在進步中？

4.你是否掌握了判斷一件事情的5W、2H、1E 8類守則？

3.你是否會不斷思考及追問？問題是什麼？機會在哪裡？

| 企劃案撰寫基本內功 | = | 專業知識 | + | 一般性企業知識 |

| 企劃案撰寫的進步追求 | = | 專業期刊、書報、雜誌、書籍、網路 | + | 專業研究報告、產業報告 |

| 企劃案撰寫中心思想 | = | 問題是什麼？ | + | 機會在哪裡？ |

Unit 1-9
企劃案撰寫成功的五大本質認識 Part II

企劃案的成功與否，除了基本內功及不斷充實與思辨外，也有一定守則可遵循。

四、你是否掌握了判斷事情的守則？

當你在思考、分析及判斷一件事情、聽一個報告或一個變化時，你是否能夠時時刻刻掌握到5W、2H、1E呢？那就是：

(一)What——事件是什麼？事件的目的是什麼？

(二)Why——事件為什麼會變成這樣？是哪些因素造成的？真的是這些因素？要不斷的問為什麼？為什麼？為什麼？

(二)How to Do——事件要如何解決？有哪些方案？為什麼是這些方案？這些方案真的可以解決事情嗎？做的到嗎？是可行的嗎？需要在哪些條件的前提下呢？優點及缺點呢？階段性呢？

(四)How Much——事件要花費多少錢？即是指預算，包括營收面、營業成本面、營業費用面、資本支出面，以及損益等。而你花了這些錢，何時才能幫公司賺回來？要去追蹤績效目標的達成度。

(五)Evaluate——評估效益多大：這些事件在這些不同處理方法下或企劃方案下，到底最後為公司帶來哪些有形的（可以具體算出來的），以及無形的效益呢？企業不可能做白工，也不是慈善事業，不可能長期虧損下去。每一件事都必須有成本效益評估的，不值得做的，即使是增聘一個人這樣的小事，也都必須思考清楚。

(六)When——事件的執行時程表：這個事件或企劃案，必是有時間性的，某時間內一定要完成，因此，啟動期、執行期及完成最後期限（Deadline）要具體表示出來，才能持續追蹤、評估。

(七)Where——事件在何處、何地：另外，要考慮到這些事情的地點因素，是國內、國外、一地、多地點等。

(八)Who——誰去做：最後，還要考慮到這些事件，派誰或哪些人去做是最適當的。通常必然是一個團隊組織，而不是個人英雄。如果內部沒有適當的人，就要趕快去同業挖角或招兵買馬，因為唯有找對的人，才能做好對的事。

以上的5W、2H及1E是碰到每一件事情召開每一次會議，或是思考如何下決定時，所必須每分每秒放在腦海中的基本邏輯訓練與思考直覺。

五、你是否了解什麼是「構面」與「系絡」？

對任何一個企劃案的撰寫內容，或對問題與機會的詮釋及掌握，都應該要有一種訓練，就是你寫的企劃案或高階主管所下的決策判斷，必須是非常縝密、周全與完整的。若運用我在企管博士班的訓練，外國學者稱為思考的構面（Dimension）與事件的系絡（Context）。換言之，對任何一件事的分析與對策的提出，都必須思考到你的構面及系絡是否無懈可擊，剩下的只是每家企業不同風格下，老闆的最後抉擇了。

企劃案撰寫必須思考5大變化面向

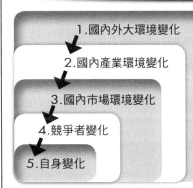

1. 國內外大環境變化
2. 國內產業環境變化
3. 國內市場環境變化
4. 競爭者變化
5. 自身變化

企劃案的構面與系絡，就像是建築師在蓋房子之前，一定要先畫好設計圖才行，否則房子怎麼蓋呢？而構面與系絡的完整呈現，就像建築師的設計圖一樣。而就一個比較大的企劃案而言，它必然會有從大到小的5種層面分析。

企劃案撰寫8思考要務

① What（做什麼）
② Why（為何如此做）
③ How to Do（如何做）
④ How Much（花多少錢做）
⑤ When（何時做）
⑥ Where（在哪裡做）
⑦ Who（誰去做）
⑧ Evaluate（效益評估）

企劃案縝密性

$$企劃案縝密性 = \frac{思考構面（Dimension）}{事件系絡面（Context）} \rightarrow 有系統、完整、全方位、全面性！$$

知識補充站

六件事，讓卓越等著你

這兩單元主要在教導你六件事，即1.你要有基本的企業內功知識，這是少林底子武功；2.你要有很嚴謹的邏輯概念、很強的分析能力及很好的解決對策想法；3.你要思考到任何處理事情完整的構面與系統；4.你還要掌握到5W、2H及1E的八項執行原則；另外，5.你在工作上，每天要想到問題與機會是什麼，不斷追問為什麼；最後，6.你每天要從公司走到外面去，看看外面的新知識、新變化、新作法、新趨勢、新點子。除了多看書外，更要行遍天下，俗謂「讀萬卷書，不如行萬里路」正是此意。

如果你真能做到上述六件事，那麼未來你一定能成為一位卓越的企業最高領導人、卓越的高階主管，或是卓越的基層工作人員，將來也能步步高升。

Unit **1-10**
企劃案撰寫成功的十九個實務原則 Part I

如何撰寫一份讓董事長滿意或者能說服他的企劃案呢？只要掌握十九個原則。

一、Show Me the Money

現在董事長聽取報告的首要原則，即是此報告能為公司創造獲利、提升產值效益為基本目標；因此任何報告都應該考慮到這原則，一定要寫到這方面的內容才行。

二、要有數據分析、效益分析

董事長非常重視報告案中，一定要有數據分析，要呈現出營收數據、成本數據、效益數據及各種營運數據，如此董事長才能做決策及下指示。

三、比較分析

在數據分析中，還要有比較分析，包括：跟同業比較、跟去年同期比、跟上月比、跟整體市場比、跟預算／實際比、跟現在／未來比，如此才能看出興衰或潛藏問題。

四、要有市場大數法則觀念

撰寫報告的內容要有市場法則，即邏輯性（Logic）、合理性（Make Sense）、符合市場現況性及可達成性。

五、要有具體可行的作法

董事長經常問怎麼做？有何行動方案？有何創新作法？是否具體可行？或是被認為可行性低，不具效果。因此，一定要能向董事長證明這是最可行性的方案。

六、要有死命達成預算的決心與方法

預算達成是董事長聽取報告的最終關切點，預算不達成，一切報告都是虛功。

七、報告要能抓到要點、要會下結論

董事長並無太大耐心聽取冗長及沒有切入要點的報告，也經常問結論是什麼？因此，寫報告要盡可能精簡化、要點化、結論化，不必長篇大論。

八、要能借鏡國內外第一名作法成功案例及經營模式

藉由借鏡國內外第一名作法及成功案例，能指出正確方向，才能事半功倍。

九、要有成本概念

要賺一筆錢很困難，但要花一筆錢（成本支出）是很容易的。董事長強調在任何一筆支出前，都要慎重思考及評估，要看它具體的效益是否真的會產生。

企劃案撰寫成功的19個實務原則

① Show Me the Money

董事長要什麼？

企劃案能為公司獲利多少，這是任何報告都應考慮到的。

② 要有數據分析、效益分析

任何報告不能只有文字報告，而沒有數據報告及效益分析報告，包括業務單位及幕僚單位均是如此，董事長要求每位幹部要有強烈的數據概念才行。

企劃案撰寫不能只是一堆文字或創意想法 ✕

企劃案撰寫要有數據分析

③ 要有比較分析

透過比較分析，才能知道進步或退步、贏或輸，以及可能的潛在問題。

④ 要有市場大數法則觀念

只要違背這些原則的報告，就是不值得看。

⑤ 要有具體可行作法

一定要能提出證明或數據、或邏輯推演、或過去經驗等來做支持點，證明這樣的作法可以成功及可行性高。

⑥ 要有死命達成預算決心與方法

董事長要求任何子公司、任何事業部單位的實績與預算差距要在5%以內，否則就是失控，就是部門失控、人員失控。

025

⑦ 報告要能抓到要點，要會下結論

因為董事長已聽過幾百、幾千個各式各樣的報告，因此看報告速度非常精準、非常快，我們要因應這種變化。

⑧ 要能借鏡國外第一名作法案例

經由模仿，不必自己浪費時間及成本胡亂摸索，才能加快速度、創造業績。

⑨ 要有成本概念

董事長看到要花錢的報告就會提出很多問題來，因此每個人心中一定要有成本數據的意識及敏感性。

企劃案撰寫成功的終點

1.為企業解決問題！ ➡ 2.Show Me the Money（為企業獲利賺錢！） ➡ 3.為企業尋求持續成長動能！

Unit **1-11**
企劃案撰寫成功的十九個實務原則 Part II

我們可以想像一個了解戰術與戰略的董事長，他要的完整企劃案是什麼樣呢？

十、要以四力為根本

董事長強調任何好業績的創造，都是根植於四力，即產品力、行銷力、服務力及執行力。當業績不好或未達預算，一定是某些力發生問題，要在報告中發現及解決。

十一、要有強大執行力的展現

董事長認為有良好完整的規劃報告還不夠，只完成一半，後面一半就要看是否有強大的組織執行力。光會寫報告，但執行力差，最終還是效果沒有出來。

十二、要找到對的人去規劃或執行

董事長強調組織內每個人專長不同，因此找到對的人、適當的人，是很重要的。

十三、執行之前，要做適當的市場調查

董事長認為應該再加強市場調查或市場研究的工作，例如是否可以提高保險產品銷售成功的精準性？多做些事前電話市調，掌握主顧客需求，減少產品的失敗率？

十四、隨時提出檢討報告，機動調整彈性應變

董事長要求各業務及幕僚單位，都要以每週為單位，隨時提出業績數據的檢討及分析報告，並研擬對策調整、改變及加強，直到業績回到原訂預算所要求的目標。

十五、跨部門討論

撰寫報告要做好跨部門與主管的討論會議，以集思廣益，建立共識，凝聚士氣。

十六、報告的完整性

董事長要求撰寫報告完成後，要再仔細思考是否有遺漏之處，務使報告的每個面向及每個環節都能被考慮到、被想到，而使報告的撰寫能夠達到完整性的目的。

十七、戰術兼具戰略觀點

董事長是一個了解戰術兼具戰略觀點的領導者，因此撰寫報告要能見樹又見林。

十八、沒有其他方案了嗎？——多個方案並呈

要站在董事長的思考層次，提出多元化比較方案，以利其做出正確決策與指示。

十九、提出新計畫時，最好附上與舊計畫或舊作業方式之效益比較。

企劃案撰寫成功的19個實務原則（續）

⑩ 要以4力為根本

董事長要什麼？

—— 產品力、行銷力、服務力及執行力

業績不好或沒有達成預算，要在報告中從這些力發現問題及解決問題。

⑪ 要有強大執行力的展現

因為執行力不嚴格、不徹底、沒有紀律、沒有決心，業績自然不會好。

⑫ 要找到對的人去規劃或執行

每個人的專長都不同，有人專長在思考規劃、有人在貫徹執行，因此每個主管一定要能在人力安排上適才適所。

⑬ 在執行之前，要做適當市場調查

例如多做些事前電話市調，掌握主顧客需求，減少產品失敗率。

⑭ 隨時提出檢討報告，機動調整彈性應變

各業務及幕僚單位，每週都要隨時提出分析與改進對策報告，直到業績回到原訂預算所要求的目標。

⑮ 要有跨部門討論

董事長經常問這個報告有沒有跟哪些部門討論過，因為經過討論後的報告，是匯聚眾人智慧而成，有利團隊合作。

企劃部門
↓
單獨提案
✗

企劃部門
＋
跨部門討論
↓
跨部門共識提案
○

⑯ 報告的完整性

董事長要求報告的全面性與完整性。因此，要多思考，要提升自己的思考力。

⑰ 戰術兼具戰略觀點

撰寫報告不能只往狹處看，要能跳高、跳遠來看待一切事情，才能看得遠、看得深及看得廣，這就是戰略性視野的能力培養。這樣每個人才能夠不斷成長與進步。

⑱ 多個方案並呈

撰寫報告提出方案計畫時，如果董事長並不滿意此案或認為此案不可行時，經常會問：沒有其他方案了嗎？因此，我們應注意最好提出不同思考方向的備案，以多方案並呈說明為宜。

⑲ 舊計畫與新計畫比較

董事長也經常問新方案、新方式、新制度、新人力配置、新作業與既有的方式，兩者相互比較，何者效益為大的問題考量。

第一章　企劃的基本概念

027

第 2 章

企劃單位編制狀況暨戰略與戰術企劃之區別

章節體系架構 ▼

Unit 2-1 企劃單位編制三種可能狀況分析 Part I

Unit 2-2 企劃單位編制三種可能狀況分析 Part II

Unit 2-3 企劃目標四種類型及設定模式 Part I

Unit 2-4 企劃目標四種類型及設定模式 Part II

Unit 2-5 戰略企劃與戰術企劃之區別

Unit **2-1**
企劃單位編制三種可能狀況分析 Part I

　　目前在一般中大型公司與集團企業，大致都會設置「企劃單位」，以負責全公司或全集團之企劃事宜與企劃任務。

　　從實務上來看，公司組織中的企劃單位，所表現出來的名稱、功能及位階，也可能有所不同。一般來說，公司組織中的企劃單位，大致可以區分為三種不同組織設置，由於內容豐富，特分兩單元說明。

一、「專責」企劃幕僚單位

　　專責企劃單位的名稱，實務上較常見的包括有企劃部、企劃室、總管理處、總經理室、董事長室、綜合企劃部、行銷企劃部、經營企劃室、策略規劃部、營運企劃部、經營分析室、資訊情報室或投資企劃組等各種部、室、處或組之單位名稱。這些單位或多或少均與公司整體營運企劃事宜有所關聯。上述名稱很多，但名稱不是最重要的，重要的是要能發揮功能。

　　專責企劃單位的位階，大致有兩種方式：第一種是放在比較高階的位置，例如直屬董事長室、總經理室或總管理處等；第二種則是與其他部門平行的組織位置，亦即成立一個部門。

二、「配屬」於一般部門單位內

　　如果不是獨立專責的企劃單位，那麼就是配屬在一般部門內。例如在生產部門設有生產企劃課（或組）；在行銷部門設有行銷企劃課（或組）；在業務部門，則設有業務企劃課（或組）。

　　配屬在各一般部門內的企劃單位，其組織層級就可能比專責企劃幕僚單位的層級稍微低一些。主要功能則在於協助該部門所屬權責範圍的事宜，展開企劃分析及企劃報告，並直接聽命於該部門的副總經理或經理。

三、成立專責「專案小組」或「專案委員會」

　　除了制式的專責企劃單位或配屬在一般部門的企劃單位外，公司也經常因應某些重大事項，而且是跨部門或跨公司的作業需求，而成立各種「專案小組」或「專案委員會」，專責推動某項重大專案計畫的全權規劃與推動。

　　這些委員會或專案小組的名稱，實務上較常見的包括有財務上市委員會、增資私募小組、銀行聯貸小組、公司e化委員會、產品研發小組、投資評估委員會、行銷策略小組、品質精進小組、降低成本委員會、海外事業擴展委員會、全球布局規劃委員會等多個不同性質與目的的專案小組及專案委員會。

　　專案小組或專案委員會組織的位階，應比前兩者的位階還要高，它通常是臨時性、重大性、跨部門性的特別專案組織。常由公司董事長、總經理或執行副總擔當領導、指揮並負責。因此，此小組或委員會可說是公司最高階的企劃單位。

企劃單位編製3狀況

企劃單位的配置

1. 專責企劃幕僚單位（企劃部、總經理室、經營企劃部）

2. 配屬於一般部門內（廠務企劃、產品企劃、業務企劃）

3. 成立專責「專案小組」、「專案委員會」

常見專案小組（委員會）的分類

1. 財務（Finance）
   - 財務上市小組（委員會）
   - 銀行聯貸小組（委員會）
   - 增資私募小組（委員會）
   - 投資評估小組（委員會）
   - 海外投資小組（委員會）

2. 行銷（Marketing）
   - 行銷策略小組（委員會）
   - 業務推進小組（委員會）

3. 管理（Management）
   - 公司e化小組（委員會）
   - 降低成本小組（委員會）
   - 品質精進小組（委員會）

4. 策略（Strategy）
   - 海外事業拓展小組（委員會）
   - 全球布局規劃小組（委員會）
   - 研發策略小組（委員會）

某電子廠「西進大陸投資設廠」專案推動委員會組織編制

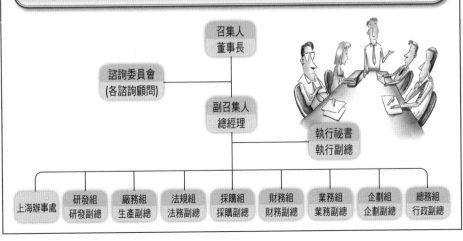

召集人 董事長

諮詢委員會（各諮詢顧問）

副召集人 總經理

執行祕書 執行副總

- 上海辦事處
- 研發組 研發副總
- 廠務組 生產副總
- 法規組 法務副總
- 採購組 採購副總
- 財務組 財務副總
- 業務組 業務副總
- 企劃組 企劃副總
- 總務組 行政副總

Unit 2-2
企劃單位編制三種可能狀況分析 Part II

前文提到公司組織中的企劃單位，一般來說，可以區分為三種不同組織設置，即專責企劃幕僚單位、配屬於一般部門內，以及成立專責專案小組或委員會。但也有些例外的情形，可讓這三種企劃組織模式得以並存，同時也能充分發揮其所長。當然，「並存」之前，一定有其前提條件是我們需要了解的。

四、三種企劃組織模式「並存」

在中大型企業中，上述三種組織模式與名稱，經常也會「同時並存」。例如公司會有專責的企劃幕僚單位，也會有各部門自行負責的配屬企劃單位，有時為了某個重大跨部門的專案工作任務，也會成立由高階主管所負責的專案小組或專案委員會。

這三種企劃組織模式並存的四個前提條件如下：

(一)專業分工，各有轄屬：彼此專業分工，各自轄有專屬職掌，並無重疊與衝突。

(二)功能與體系不同：彼此的功能與指揮體系也不相同。

(三)企業規模愈大，專業分工愈細：企業的規模大且營運複雜度很高，專業分工也很精細，事業範疇涵蓋也很廣。

(四)由最高階單位領導：董事長及總經理親自督軍領導專案委員會，使各部門一級主管不得不重視及參與委員會工作。

五、三種企劃組織有「不同的功能」

不同的企劃組織，自然有其不同的職掌與功能，茲分別說明如下：

(一)專案小組或專案委員會之功能：這是以矩陣式組織，集合各部門專業人員或各部門一級主管所形成的專案單位。其成立的主要目的，是在一定期限內，達成該專案工作之任務。這些任務將依公司不同階段、不同時期，以及不同需求所形成的目標而成立的。

(二)專責企劃幕僚單位之功能：這是成立專責部門及專責人員所組成的企劃幕僚單位。其功能需視公司規模大小的不同、發展階段的不同，以及公司高階經營者所重視程度的不同，而有不同的功能存在。

例如：有些公司及經營者很重視「全公司經營企劃」工作，很可能就會成立「經營企劃部」或「經營企劃室」，專責全公司及全集團的中長程事業發展策略規劃，以及各項轉投資新事業之分析評估及規劃事宜。

有些公司則很重視產業技術及產業市場變化之掌握，很可能就會成立「市場企劃組」，專責國內外產業、市場、客戶、技術、供應商、競爭者等之資訊情報蒐集分析、評估及做成市場策略性建議作法等，以供高階主管參考。

(三)一般部門單位內企劃單位之功能：這主要是為配合自身部門工作上的需求而成立的企劃單位。例如：生產部的企劃、行銷部的企劃、業務部的企劃、研發部的企劃、財務部的企劃、人力資源部的企劃、公共事務部的企劃等。

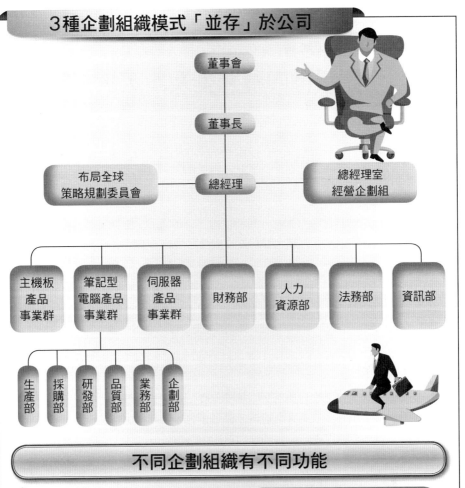

3種企劃組織模式「並存」於公司

董事會

董事長

布局全球
策略規劃委員會 — 總經理 — 總經理室
經營企劃組

| 主機板產品事業群 | 筆記型電腦產品事業群 | 伺服器產品事業群 | 財務部 | 人力資源部 | 法務部 | 資訊部 |

生產部　採購部　研發部　品質部　業務部　企劃部

不同企劃組織有不同功能

3.專案小組、專業委員會

功能：最複雜、
最大型企劃推動

2.專責企劃幕僚單位

功能：主掌全公司重要策略發展
與產業變化因應之企劃作業

1.一般部門內配置企劃

功能：協助自己
單位的企劃作業

Unit 2-3
企劃目標四種類型及設定模式 Part I

在企劃實務中，必須提及一項很重要的核心項目，那就是企劃的「目標」何在？

要注意，企劃的「目標」不是空洞的文字描述，也不是遙不可及的夢想，而是一種可達成、有共識、有謀略、數據化且有效益的各種「目標」。

一、依時間區分

依時間區分來看目標，可以區分短期目標（一年內）、中期目標（一至三年）及長期目標（三至五年以上）三種。唯有先達成短期目標，才能達成中長期目標。

二、依組織層級區分

依組織層級由最高到最低來看，目標訂定大致有四層，即最高層的集團目標；第二層的各公司目標；第三層的各部門、各事業總部、各廠目標，以及第四層的各處、各中心、各區、各組、各課目標。

三、依預算為目標

企業實務中，最常見的目標就是「年度預算」目標。各部門均編列部門預算，包括營收預算、成本預算、資本支出預算、費用預算、損益及EPS預算等。將各部門匯總，即成為全公司年度預算；將集團各個公司年度預算再匯總，即成為全集團年度預算。在預算管理中，要注意以下兩點：

(一)預算編制的假設基礎必須確實保守，不能浮誇、不切實際。換言之，財務部門必須審慎對預算假設基礎做好把關動作，不是對營運部門送來的數字，照單全收。

(二)每一個月及每一季必須定期檢討預算達成度如何。如果真正沒有辦法達成，就應該調整財測（預算），或是營運策略上必須加強因應，以力保預算的達成。

※目標管理VS.預算管理

目標管理（Management by Objective, MBO）其實是個很老的管理工具與概念，早在1954年管理大師彼得・杜拉克（Drucker）的一篇論文中，即已推出。目標管理強調以下幾點：

(一)目標的重要性：目標要具體化、可衡量化、數據化、成文化，而且要有優先順序的排定。亦即，優先的目標，傾全部資源加速達成。

(二)目標設定應經討論：目標應由各部門、各廠、各公司主管與最高經營者共同討論、協調及修正後設定。大家對此應有共識及共同承擔，並且共同全力以赴。

(三)對是否達成目標的績效評估務必落實：此外，事後要有賞罰分明的行動。

因此，目標管理可說是一種完備的規劃、激勵、控制與考核的重要工具及概念，亦屬一種全公司整體性的目標。就企業實務來說，一般企業運用最廣與最普遍的目標管理，就是「預算管理」，一切依年度預算目標而走。

企劃目標4類型

① 依時間長短區分

①短期目標（1年內）　②中期目標（1-3年）　③長期目標（3-5年）

舉例來說，某公司制定該公司在未來五年內連鎖店家數的「規模家數目標」及「市場占有率目標」如下表：（以下均為假設性數據）

時間	短期目標	中期目標	長期目標
家數	1,000家	2,000家	突破3,000家
市場占有率	45%	50%	55%
營收額	300億以上	500億以上	800億以上

② 依組織層級區分

第四層各課、各處目標 ➜ 第三層各部門目標 ➜ 第二層各公司目標 ➜ 最高層集團目標

③ 依年度預算為目標

每月、每季、每半年、每年度預算目標

④ 依財務與非財務目標

財務數據目標與非財務目標

企劃目標

 首要：訂定此企劃案的目標為何？

Unit **2-4**
企劃目標四種類型及設定模式 Part II

目標除了按時間長短、組織層級、預算來分類外,也可依財務與非財務來區分。

四、依財務與非財務目標來區分

(一)財務數據指標:可歸納整理成十九種,包含有1.營收額目標與營收成長率目標;2.稅前淨利目標與其成長率目標;3.每股盈餘(EPS)目標與其成長率目標;4.財務結構改善目標;5.資金流動改善目標;6.股價目標與其成長率目標;7.財測(預算)達成率;8.每戶營收貢獻(ARPU)目標及成長率;9.應收帳款回收天數目標;10.呆帳(壞帳)率目標;11.管銷費用率降低目標;12.成本率降低目標;13.現金運用效益目標;14.商譽與品牌價值目標;15.股東權益報酬率(ROE)目標及其成長率;16.資產報酬率(ROA)目標及其成長率;17.資本適足率目標;18.轉投資獲利目標,以及19.其他各種財務目標。

例如,某3C電子產品連鎖店明年度的營收額目標是80億,稅前淨利目標是6億,每股盈餘目標是1.5元。

(二)非財務數據指標:可歸納整理成二十二種,包含有1.市場占有率目標與其成長率;2.市場排名目標;3.新產品數推出目標;4.營收來源結構目標;5.品牌知名度與忠誠度目標;6.企業形象目標;7.顧客滿意度目標與其成長率;8.製品良率目標;9.製程效率目標與其成長率;10.研發技術升級目標;11.採購成本下降目標;12.人員總數控制目標;13.人員離職率目標;14.每人產值目標及其成長率;15.出貨速度達成目標;16.庫存率下降達成目標;17.商品送到客戶手上天數降低目標;18.客服電話立即接電話目標;19.顧客再續、再保、再訂購之忠誠目標;20.POS系統建置完成目標;21.B2B外部資訊網路連結完成目標,以及22.其他各種非財務目標。

例如,某3C電子產品連鎖店明年度的市場排名目標是由第五名升為第三名,品牌知名度目標是前三大品牌,顧客滿意度目標是由70%提升到85%。

※目標設定三種模式

企業實務上,對公司各項目標設定的過程,一般來說,可有三種模式:

(一)由下而上:此即目標由各部門、各廠、各單位等基層向上提報、討論、修正,然後整個確定。這種模式的缺點是,經常各部門都提出一個非常保守的目標數據,以避免訂太高目標而無法達成時,需要承擔風險或是危及到自身的地位。

(二)由上而下:此即目標由最高經營者(董事長或總經理)直接下達他心中的目標數據,不可更改,然後再由下面的人去編列如何達成此目標數據。通常,此一目標數據非常具有高難度挑戰性,主要目的在激發部屬潛力。

(三)兩者合一:此即目標設定由高階及各部門討論出一個合理可挑戰的數據目標。既非完全是高階一人的高挑戰性指令決定,亦非由底下人的保守目標,而是做了一個平衡折衷處理的目標數據。此種模式是企業實務中較為常見的。

企劃的財務目標重要11項目

企劃財務目標

① 營收及其成長率目標

② 獲利及其成長率目標

③ 每股盈餘（EPS）及其成長率目標

④ 股東權益報酬率（ROE）及其成長率目標

⑤ 負債比率及其下降目標

⑥ 成本及其下降目標

⑦ 股價及其成長率

⑧ 現金在手及其成長率

⑨ 企業總市值及其成長率

⑩ 轉投資獲利及其成長率

⑪ 每戶營收貢獻（ARPU）及其成長率

企劃的非財務目標重要10項目

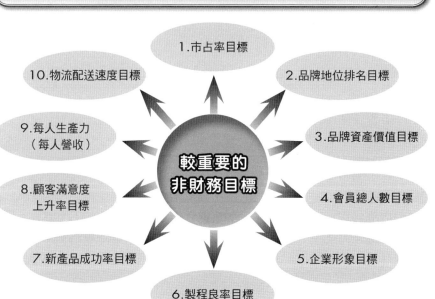

較重要的
非財務目標

1.市占率目標

2.品牌地位排名目標

3.品牌資產價值目標

4.會員總人數目標

5.企業形象目標

6.製程良率目標

7.新產品成功率目標

8.顧客滿意度上升率目標

9.每人生產力（每人營收）

10.物流配送速度目標

Unit 2-5
戰略企劃與戰術企劃之區別

一般來說，從理論與實務上來看，公司的企劃報告及內容層級，大概可以區分為戰略與戰術兩種層次。

戰略性的企劃，主要著重在整體營運的長遠發展；反觀戰術性的企劃，則著重一般個別部門的日常營運。如果要問哪個比較重要，只能說戰略是大方向，戰術是朝著大方向邁進的軌道，因此戰略要明確，戰術可隨時調整，但千萬不能戰略太少，而戰術太多！

一、「策略性（戰略性）」企劃報告——長遠發展性報告

這是屬於公司高階主管對公司整體營運策略性發展或跨部門或跨公司營運重大事項，所提出的企劃報告。

包括國內擴廠計畫、大陸設廠計畫、國內外購併（M&A）計畫、國內外策略聯盟計畫、轉投資計畫、大型資金募集計畫、相關性多角化事業發展計畫、重大產品研發計畫，以及產業未來前景之調查分析報告等，均屬於策略性（戰略性）企劃報告的一環。

此種策略性（戰略性）企劃報告，大致是由專責的企劃幕僚單位負責或是成立專案委員會，集合各部門一級主管，共同分工推動。

二、「戰術性（部門）」企劃報告——日常營運報告

戰術性（部門）企劃報告，這是非屬於全公司、全集團層面，而是就一般個別部門日常營運所需求的部門企劃報告。

包括品質提升、量產效率提升、公司e化、行銷策略、業績提升、產品定價、促銷計畫、公共事務活動、通路計畫、人力訓練發展等企劃報告。

三、依「戰略」或「戰術」層級區分目標

目標也常依戰略或戰術之不同而加以區分。戰略（策略）目標是公司一定要努力達成的，而戰術目標則可以隨時機調整或改變。以下我們舉例來說：

廣達及仁寶電腦公司最大的戰略目標，乃在於成為全球最大的NB（Note Book PC）筆記型代工大廠。

鴻海精密集團最大的戰略目標，乃在於成為臺灣營收額最大的IT資訊電子集團。

中華電信公司最大的戰略目標，乃在於成為臺灣營收額最大的行動電話、固網電話及寬頻上網電信公司。

統一食品集團最大的戰略目標，乃在成為全球營收額最大的食品集團，此有賴於中國大陸未來營收額的大幅倍數成長。

Wal-Mart美國沃爾瑪量販連鎖公司，已成為全球第一的零售集團，同時也是全球營收最高的公司。

企劃報告2種內容層級

1. 戰術性企劃報告（日常營運報告）

2. 戰略性企劃報告（長遠發展報告）

戰略企劃VS.戰術企劃

	戰術企劃	戰略企劃
1.期間	1年內	3～5年
2.位階	基層	高層
3.影響力	對短期影響	對中長期影響
4.負責單位	各事務單位	高階企劃部門
5.範圍	日常的	非日常的
6.考慮因素	較狹窄的	較宏觀的

戰略與戰術企劃的重要影響區別

戰略企劃 → 影響企業中長期持續成長發展與否！

戰術企劃 → 影響「年度預算」目標的達成與否！

戰略與戰術企劃負責單位

董事會、董事長、總裁、總經理 → 應重視戰略企劃的思考與抉擇

副總經理、執行副總、協理、經理級主管 → 應重視戰術企劃的思考與優先事項

第 **3** 章

企劃案撰寫的
思考步驟與創意來源

章節體系架構 ▼

Unit 3-1　企劃案撰寫的八項思考原則 Part I

Unit 3-2　企劃案撰寫的八項思考原則 Part II

Unit 3-3　企劃案撰寫的四類資料來源

Unit 3-4　企劃案撰寫步驟及注意要點 Part I

Unit 3-5　企劃案撰寫步驟及注意要點 Part II

Unit 3-6　企劃案撰寫步驟及注意要點 Part III

Unit 3-7　企劃案撰寫的基本格式 Part I

Unit 3-8　企劃案撰寫的基本格式 Part II

Unit 3-9　企劃創意培養方法 Part I

Unit 3-10　企劃創意培養方法 Part II

Unit **3-1**
企劃案撰寫的八項思考原則 Part I

　　在第一章中，我們曾提到企劃案有三大群十一大類八十五小項的內容，可說是琳瑯滿目、目不暇給。由於企劃案的種類太多，依筆者親身經驗，原則上並沒有特定固定的格式、名稱段落及項目。端視不同產業、不同目標、不同條件狀況，甚至不同公司而定。因此，企劃人員不必太拘泥於某一種企劃內容的撰寫模式。但不管是哪一種層次或哪一個部門的企劃案，均應掌握5W、2H及1E的八項原則。

一、What──何事、何目的、何目標

　　首要注意原則即是撰寫這次企劃案最主要的核心目的、目標及主題為何。而且這個目的、目標及主題界定（Identify）一定要很清楚、很明確，不能太模糊，也不要範圍太大。因此，當主題、目的、目標確立後，就可以環繞在這個主軸上，展開企劃案的架構設計、資料蒐集、分析評估及撰寫工作了。

二、How to Do──如何做（達成）

　　第二個撰寫原則非常重要，即是你將陳述如何達成前面所提到，也就你要如何達成這次企劃的主題、目的與目標。在如何達成（How to Reach）的階段中，要特別注意到包含有1.你有哪些假設前提；2.這些假設前提，有哪些客觀的科學數據支持它們；3.這些客觀的科學數據的來源及產生，又是如何；4.在How階段中，你如何說服別人相信這些想法與作法，是可以有效達成，以及5.在How階段中，你是否展現一些創新與突破，而不是只有傳統作法等五點。

三、How Much──多少預算

　　大部分的企劃案，一定都要有數字出現，不能只有文字。因為任何企劃案，最後都要付諸執行，只要是執行，就一定會有預算出現。因此，How Much是一個企劃案的表現重點之一。因為很多決策必須依賴最後數字，才能做出決策，否則沒有客觀的數據分析做基礎，常無法做決策或誤導成錯誤的決策。在How Much方面，包括營收預算、成本預算、資本支出預算（CAPEX）、管銷費用預算、人力需求預算、廠房規模預算、損益預算，以及資金流量預估等。

四、When──何時（時程計畫與安排）

　　第四個撰寫重點原則是，一定要陳述這些計畫的執行時程安排大概如何，包括何時要正式啟動、何時要依序完成哪些工作項目，以及最後全部完成時間大概何時等。

五、Who──何人（組織、人力、配置）

　　一個企劃案沒有人及組織，當然不能夠執行。因此，企劃案中，對於將來執行本案的組織、人力及相關配置需求也要說明清楚。

企劃案撰寫8項共同思考原則

1.What →	做何事、目標為何
2.When →	何時做，時程安排
3.Who →	誰去做、何人、組織、人力
4.Where →	在何處做
5.Why →	為何要如此做、原因為何
6.How to Do →	該如何做、有哪些方案
7.How Much →	花多少錢，預算多少
8.Evaluate →	效益如何，有形與無形效益為何

企劃思考

當撰寫任何一個企劃案時，必須審慎思考及注意企劃案內容與架構，是否確實包含了這5W、2H及1E的精神及內涵。

企劃思考

- 1.What
- 2.When
- 3.Who
- 4.Where
- 5.Why
- 6.How to Do
- 7.How Much
- 8.Evaluate

Unit **3-2**
企劃案撰寫的八項思考原則 Part II

　　企劃案由何人執行攸關企劃案的成功與否；當然，在什麼地方也是非常重要。因此，一份完整的企劃案除了事前做好各種情報的蒐集與分析外，更要經得起事後的效益評估。

五、Who——何人（組織、人力、配置）（續）

　　這包括公司內部既有的組織與人力，以及外部待聘的組織及人力需求。特別是一個新廠擴建案，必然會帶動新組織與新人力需求的增加。

　　在Who的問題中，應該注意到必須專責專人來負責特別的企劃案，這樣權責一致，才能有效推動任何企劃案。

六、Where——何地（國內、國外、單一地、多元地點）

　　企劃案的第六個重點原則，必須對企劃案內容的地點加以說明。亦即這個企劃案所涉及到的地點是在國內或國外，是單一地點或多元地點。

　　例如某電子廠到大陸投資生產，其據點可能包括上海、昆山、深圳等多個地點。再如，很多公司提到要全球布局及全球運籌，那麼究竟要在哪些國家及哪些城市，設立生產據點、研發據點、物流倉庫、採購據點或行銷營運中心呢？

七、Why——為何（各種情報分析）

　　企劃案撰寫中，經常要問自己很多Why（為什麼）。唯有能夠很正確有力的答覆Why，企劃案才不怕別人的挑戰與批評。例如撰寫企劃案後，常會被人挑戰的問：1.為什麼對產業成長數據是樂觀預估？2.科技變化的速度是否列入考慮了？3.競爭者難道不會取得核心技術能力？4.美國經濟環境會如期復甦嗎？5.自身的核心競爭力已是對手難以追上的嗎？以及6.市場需求是否會有跳躍式的成長等一連串重要問題。

　　為了答覆這一連串的Why，企劃人員在企劃案中，必須很深入的做好產業分析、市場分析、競爭者分析、顧客分析、自我分析、科技分析、法令分析，以及外部政經環境分析。

　　企劃人員如果真能掌握這些複雜的分析情報，在撰寫企劃案中，將對How（如何達成目標）的問題，更加有自信與看法。

八、Evaluate——效益評估（有形與無形效益評估）

　　企劃案的最後一個重點原則，即是必須對本案的效益評估做出說明，以作為結論引導。

　　對企業的效益可以區分為有形效益及無形效益兩種。有形效益指的是具體，可以數據化、數字化衡量的；無形效益則是無法以數字化衡量，具有潛在的、長期的、印象性的特質。

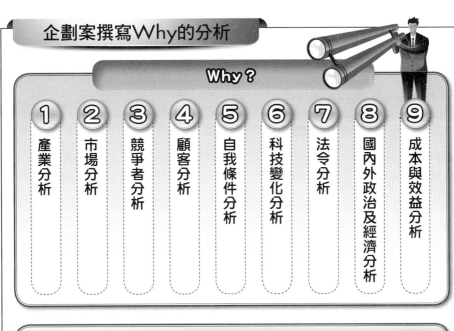

企劃案撰寫Why的分析

Why？

① 產業分析
② 市場分析
③ 競爭者分析
④ 顧客分析
⑤ 自我條件分析
⑥ 科技變化分析
⑦ 法令分析
⑧ 國內外政治及經濟分析
⑨ 成本與效益分析

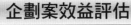

企劃案效益評估

效益評估
Evaluate

① 有形效益

可以明確衡量的效益。

例如：
帶動營收額增加、獲利增加、市占率上升、生產成本大幅下降、股價上升、顧客滿意度上升、品牌知名度上升、組織人力精簡、資金成本降低、生產良率提高、專利權申請數增加、關鍵技術突破順利上線……。

② 無形效益

難以用立即呈現在眼前的數據衡量的。

例如：
①策略聯盟所帶來的戰略上的效益。
②企業形象上升變好，對企業銷售的無形助力。
③技術研發人員送日本受訓，其所增加的研發技術技能與知識的潛在增加。
④公益活動所帶來的社會良好口碑與認同。
⑤出國考察參訪所見習及感受到的創新、點子與模仿。

Unit **3-3**
企劃案撰寫的四類資料來源

撰寫一個企劃案，其資料主要有四種來源：一是原始資料，二是次級資料，三是自己創意資料，四是公司內部共同討論所獲得資料；茲分別說明之。

一、原始資料

原始資料（Primary Data）是指由自身公司第一手獲得的資料，而不是去引用別人已出版的次級資料。而原始資料的來源方式，主要有下列幾種：

(一)問卷調查：包括電話問卷訪問、街頭問卷訪問及家庭留置問卷訪問等。

(二)學者專家面訪：主要是透過一對一面對面的專訪所得的第一手資料。

(三)焦點團體座談會調查：焦點團體座談（Focus Group Interview, FGI）是一種質化調查方式，是指在一個會議室，有一位主持人，找五至十位的相關消費者或潛在消費者參與問題討論，每個人表達各自的觀點、看法與選擇。此方法與前述問卷調查的大量樣本及量化為目的調查，兩者的差異是很大的。

(四)現場觀察法：此法是指自己親自到調查現場，親自做觀察、記錄或訪問。例如有人在百貨公司門口，觀察記錄消費者的「提袋率」（即有購買的比例）有多少。

(五)國外考察法：公司派員到國外先進國家及公司去參訪考察及見習。此種得到的資料，亦屬原始資料。

二、次級資料

次級資料（Secondary Data）來源相當廣泛，包括有1.網站（國內、國外）；2.報紙（經濟、工商、中時、聯合、蘋果、自由等）；3.商業雜誌（天下、遠見、數位時代、商周、Career、數位時代、會計月刊、今周刊、財訊等）；4.專書；5.期刊；6.政府出版品；7.研究機構報告；8.本公司內部資料，以及9.其他公司公開年報等。

三、自己創意資料

成功的企劃來自於具有創意的構思，創意將賦與企劃案新的生命力。而創意來自於思考習慣的養成。所以，創意並非天生的，而是可以透過學習來培養的。因此，要培養創意能力，是有方法、有技巧可遵循的。而培養創意力的方法不勝枚舉，主要可分兩大類，其中一類是從邏輯思考著手，另一類是從思考的系統化來訓練。

四、公司內部共同討論所獲資料

在專案企劃製作過程中，通常是將企劃人員組成小組團隊的方式在進行的。因此經由小組活動開發創意時，應具備小組發想的要素。其中，就發想的流程而言，必須在設定專案企劃主題的階段，能正確掌握問題，其次，營造出具有創造力的組織氛圍及環境，結合企劃人的創意開發能力，以提高小組的創意力。而具有創造力的組織氛圍，通常其員工大多比較自由，穿著隨心所欲，且鼓勵員工對異質才能的接觸等。

企劃案撰寫4類資料來源

1.原始資料

- ①問卷調查
- ②學者專家訪談
- ③焦點團體座談會
- ④現場觀察法
- ⑤國外考察法

企劃案4類資料來源

2.次級資料

網站、報紙、商業雜誌、專書、期刊、研究報告、政府出版品、本公司內部資料、公開年報

3.自己創意資料

4.公司內部跨部門討論資料

知識補充站

傾聽是溝通的開始

任何企劃案的提出,都是希望能被接受認同,因此,事前的溝通與說服是企劃案成功的關鍵因素。

在企劃的前期規劃階段,企劃人員應該積極的與主管、目標對象(委託人)、關鍵決策者、協力部門主管、企劃成員、意見領袖等對象,進行事前的溝通。而在與相關對象進行接觸溝通時,企劃人員應先專注於傾聽,才能夠了解一切。傾聽可以讓對方感覺是受重視的,你是設身處地的為他著想,所提建議對雙方都有好處的。

Unit 3-4
企劃案撰寫步驟及注意要點 Part I

　　從企業實務經驗來看，撰寫企劃案的步驟及其注意要點，大致有十大要點，茲分三單元說明之。

一、企劃案的來源（Source of Plan）

　　企業內部每天都在營運，有些是固定工作，有些會面臨變化與挑戰，有些則是要思考較長遠未來的工作。但不管如何，都要做企劃，而且企劃案子的來源管道，也不是單一的，而是多元的。這種多元的管道大致有三種：

　　(一)老闆（董事長或總經理）交代：老闆的人際關係比下屬多且廣，每天接觸不少高階人士，他的想法、點子與思路，自然比員工更快、更廣、更急、更多。在董事長制一人發號施令的公司更是如此。不過，老闆的點子及想法，也不能太多，否則底下的人會疲於奔命，分散力量，變成在應付老闆的個人需求或是難以達成的要求。總結來看，老闆有點子、有想法，終究是好事，總比沒有點子、沒有想法來的強些。

　　(二)部門主管交代：各部門主管在各自工作崗位上，每天都有做不完的事情，一件接一件，一天過一天，處理完舊事情，又來新任務與新的競爭挑戰。為了要使企業或部門永遠保持領先地位，要比別人、比別公司花費更多時間與精力，做更多、更強、更快與更好的事情。因此，企劃的功能，可說是冬去春又來，永不止息。所以很多的戰術層次企劃案，都是由部門主管（或上級主管）交辦的。

　　(三)專責企劃部門提出：一般中大型公司通常都會設置綜合企劃部門或經營企劃部門或其他類似名稱的部門，專責從事各種層次與層面的分析專案或企劃專案或評比專案等。因為他們的工作職掌就是負責各種企劃案的研究提報。

二、界定問題、明確題目（Define Problem、Clarify Problem）

　　有了案子來源以後，企劃人員必須先界定或明確企劃案的主題及問題，才能對症下藥。企劃人員此刻必須不斷問自己：1.問題是什麼；2.真的是問題嗎？其背景如何；3.會影響多大層面與程度；4.是大問題還是小問題，以及5.多久之後才會產生影響？是即刻影響、不久後影響或是要很久後才會影響等諸多問題。唯有先界定、明確存在的問題，才能有效尋求解決方案或是接下撰寫好的企劃案。

三、架構綱要項目（Structure Report Frame Work）

　　第三個步驟就是企劃人員應該針對上述問題、主題及目的界定明瞭清楚之後，著手撰寫企劃案。撰寫企劃案的首要工作，就是要研擬出「架構綱要」，這是第一步要做好與做對的事情。

　　為什麼撰寫企劃案要先架構出好的綱要與項目呢？這就好比是蓋房子，要先深挖地基，先搭好鋼梁柱子，先出現一個房子雛形，最後再灌水泥與裝潢內部。事先研擬完成架構綱要的好處，可讓我們更清楚要蒐集什麼資料，以及如何分工與合作。

企劃案撰寫10步驟

1 企劃案的來源
①老闆（董事長或總經理）交代　②部門主管交代　③專責企劃部門提出

2 界定問題、明確題目
不斷問自己：①問題是什麼？②真的是問題嗎？背景如何？③會影響多大層面與程度？④是大問題還是小問題？⑤多久後才會產生影響？→❶即刻影響？❷不久後影響？❸很久後才會影響？

3 架構出大綱項目
事先研擬完成架構綱要的好處，可讓我們更清楚要蒐集什麼資料，以及如何分工與合作等。

4 開始蒐集資料
資料可從兩個角度來蒐集
①公司內部資料與公司外部資料
②原始資料與次級資料

5 整理、過濾及運用資料
現在不少進步的企業，大都把公司各部門的重要事項資料放到公司網站上（B2E），供全體員工輸入密碼，進入查詢；有些機密的，只有特定人士才能看到。

6 提出可行解決方案及創意好點子
企劃人員應該多提一些不同角度、不同花費與不同結果的可行方案給最高經營者，他才能從各種觀點去做最後決定。

> 所謂「見樹不見林」就是只有一種觀點、一種方案、一種作法、一種結果。但企業最高經營者，應該是猶如乘坐直升機般，「既能見樹，又能見林」，才有助於做下更正確與更周全的決策指示。

7 展開跨部門討論及修正
對企劃案內容、數據的正確性、方案可行性、尚缺哪些報告內容，都要集體開會一、二次，並進行必要調整修改，然後形成共識，並爭取其他部門共同支持本案。

8 向最高決策者呈報、討論、修正及定案
最高決策者3種決策風格
①威權式的決策風格→決策速度快，但也冒了決策粗糙或決策可能失誤的風險。
②民主式的決策風格→各陳己見，可以容納不同聲音。
③民主之中，帶點威權決策感→前兩種的混合體，經常存在本土企業中。

9 展開執行
執行是很重要的一環，要跨部門行動，不能單靠企劃部，而是要結合每個部門不同專長的人才與分工的職掌，全面落實執行。

10 隨即檢討、分析，再修正策略與計畫
有不少企劃案，都是執行後，才發現哪裡有問題，然後隨即展開分析、討論、對策與產生新方案。

Unit **3-5**
企劃案撰寫步驟及注意要點 Part II

企劃案的撰寫有其一定步驟，尤其一開始時如能做好綱要項目的研擬，算是已經奠定一個好的開始。

四、蒐集資料（Collecting Data）

資料的蒐集，可從兩個角度來分類：一是依照公司內部資料與公司外部資料來區分，二是依照原始資料與次級資料來區分。茲分別說明如下：

(一)依照公司內、外部資料來區分：

1. 公司內部資料：這包括公司各部、室、處、廠等一級單位，都是取得內部資料的來源。例如：你要業績資料，就必須跟業務部拿；要生產資料，就必須跟生產部拿；要財會資料，就必須跟財務部拿。

2. 公司外部資料：這包括國內及國外的資料來源。例如產業、技術、市場、競爭者、產品、工程及法令等外部資料內容。

(二)依照原始資料與次級資料來區分：

1. 原始資料：透過民調、市調、訪談、觀察、試驗等所得到的第一手資料，不是參考別人出版的資料，這就是原始資料。例如：當某家公司想推出一項新產品或新服務時，並不太能掌握市場的接受度及接受比例會多少，因此可能必須委外進行市調，以得到較為科學的統計數字。

2. 次級資料：這是指經由國內外網站搜尋下載，或是經由國內外報紙、雜誌、期刊、專刊、專書、研究報告、公開年報、公司簡介、政府出版品、公會出版品等二手管道所得到的資料。

五、資料的整理、過濾與運用

資料蒐集後，必須進行資料的整理、過濾與運用，將有用、要用的資料留下，並運用到企劃案的相關內容。此項工作看似簡單，其實不易，因為每個人的「判斷」能力有所不同。因此，企劃人員必須有「判斷」能力，才能在紛亂眾多的文字資料及數據資料中，抓出他所要的資料。換言之，要能抓出資料重點，並且用到企劃案。

六、提出可行解決方案及創意好點子

企劃人員在整理、過濾與運用資料後，還是有所不足。因為企劃案是要提出能夠或是可能解決問題的可行方案，尤其是難得的創意好點子。這個步驟是企劃案的靈魂核心所在。當然，可能也是最困難的部分。例如：大陸八吋晶圓代工即將完工投產，此對臺灣同業將會產生更大競爭力不足的問題。那麼，公司有何可行解決方案？

可行方案通常可以是唯一，也可能是多個方案，須待最高決策者拍板選擇。實務上，企劃人員應該多提一些不同角度、不同花費與不同結果的可行方案給最高經營者，他才能從各種觀點去做最後決定。

架構大綱5好處&來源

架構大綱5好處

① 知道要蒐集哪些資料

② 不會茫茫然，不知如何下手

③ 有利分配、分工合力撰寫

④ 避免遺漏、不足

⑤ 有利完整性、周延性、好的報告

架構大綱5能力來源

① 來自過去豐富撰寫經驗

② 來自過去具備企管學理知識

③ 來自戰略性的視野與思路

④ 來自過去前人曾做過類似報告

⑤ 參考市面上工具參考書

知識補充站

先研擬架構綱要的好處

企劃案撰寫時，為什麼要先架構綱要？當然是有其好處，而且很多，包含有1.你將會知道要蒐集哪些資料來對應你所要撰寫的內容，因為你要把這些資料填進各項架構綱要裡面；2.有了架構綱要後，才不會茫茫然，不知如何著手，尤其是碰到較大案子時；3.有了架構綱要後，才知道如何協調這個企劃報告的分工分組撰寫，因為一個企劃人員絕對不可能獨立完成一個超大案子，尤其是當案子涉及到財務預測、專案的工程技術，或是第一線業務戰況時，作為幕僚角色的企劃就必須透過專業與專業分工，最後才能組合完成為報告；4.有了架構綱要，有助於未來在撰寫企劃報告時，發現內容項目上是否遺漏或不足，因為架構綱要就好像看別人身體骨骼支架及重要器官部位一樣，很容易看出哪裡還有缺失或不足。

架構企劃案綱要需具備的能力

坦白說，要架構一個大企劃案的綱要項目，也不是每個企劃人員輕易可做到的。而是需要幾項特色，即：

1.企劃人員必須有長時間的企劃經驗。

2.企劃人員必須具備學理知識與一般性知識。

3.企劃人員必須有戰略性的視野與思路，凡事可以從高、從寬、從深看，這是一種企劃內功的歷練，不是一蹴可幾的。

4.企劃人員必須有即刻掌握重點、看清問題與解決問題的特殊秉賦，而這也是需要歷練及企劃人員特有的專長興趣才行。

5.企劃人員可以多參考一些過去的企劃案或是別公司的企劃案，從中學到東西，或是具有參考吸引力的能耐。別人過去的智慧結晶，我們應多加見習與模仿運用。

Unit **3-6**
企劃案撰寫步驟及注意要點 Part III

企劃案撰寫十大步驟,看起來頗有次序,但實務上,經常為了應付急迫的時間要求或老闆的限時指令,常會把十大步驟急速壓縮,而兩步併一步走或幾個步驟分頭同時進行。但不管再如何急迫,這些步驟及精神原則仍是存在。對企業而言,時間就是代價與金錢,企劃案的時間,亦須配合公司的現實與競爭壓力,加以加速濃縮。

七、展開跨部門、跨小組討論,應做修正

當企劃案撰寫完成後,或是完成組合各部門的撰寫資料後,第七步驟應該跟著召開跨部門或跨小組的討論會。嚴謹對企劃案內容、數據的正確性、方案可行性程度或尚缺哪些報告內容,都要集體開會一、二次,並進行必要調整修改,然後形成共識,並爭取其他部門共同支持本案。有些企劃人員悶著頭自己寫,但沒有經過跨部門協調及討論,經常受到批評,這是企劃人員必須正視的。

八、向最高決策者提報、討論、修正及定案

經過跨部門討論後,即可安排向最高決策者專案提報、口頭面報,或召集高階一級主管共同討論、辯論、修正,最後正式定案。依筆者經驗,最高決策者的決策風格有三種:第一種是「威權式」的決策風格,由一人獨斷做決策,底下都是奉令辦事;這種決策風格,速度雖快,但也冒了決策粗糙或決策可能失誤的風險;第二種是「民主式」的決策風格,由最高經營者找相關一級主管共同交換意見,各陳己見,可以容納不同聲音,絕不是一言堂,大家不能完全是乖乖牌——即使覺得有問題,也不敢站出來反對最高經營者,以及第三種是「民主之中,帶點威權決策感」,這種決策風格是前兩種的混合體,也經常存在本土企業中。

九、展開「執行」

企劃案經董事會、董事長或總經理拍板定案後,即會依照計畫時程表,如期展開行動與執行。

「執行」其實是很重要的一環,有些案子企劃的很好,但執行起來就有落差,並沒有完全按照當初規劃內容執行,使得企劃案的效果可能打些折扣,最後可能成為「失敗」的企劃案。另外,執行是跨部門行動,不能單靠企劃部,而是要結合每個部門不同專長的人才與分工的職掌,全面落實執行。

十、執行後,隨即檢討、分析,並再修正策略與方案

執行一段時間後(一週、二週、一月、一季),應該馬上展開檢討分析報告,到底是否為有效的企劃案?如不是,問題出現在哪裡?要如何改,才會較有效果?因此,再修正是必然會發生的過程之一。企劃案就是能夠面對市場、產業與競爭者的激烈變化,而立刻自我調整,然後再出發,直到有效果出現為止。

跨部門討論企劃案4大好處

1. 別部門人員有可取的不同分析、不同專業與不同觀點。

2. 可使企劃案修正的更為完整且可行。

3. 有助於建立大家的共識，有利於未來的執行力。

跨部門討論的好處

4. 可避免被老闆罵。

企劃案提報上級4種層次

 1. 企劃案 → 事業部主管（副總級）拍板

 2. 企劃案 → 事業部副總 → 總經理拍板

 3. 企劃案 → 事業部副總 → 總經理 → 董事長拍板決定

 4. 企劃案 → 事業部副總 → 總經理 → 董事長 → 董事會拍板決定

Unit **3-7**
企劃案撰寫的基本格式 Part I

企劃案撰寫，其實並沒有一定格式，也沒有標準格式，坦白說，筆者也不認同非得要有什麼聖經式的標準格式。筆者十多年來，看過自己公司各部門所提的企劃案，以及各大廣告公司與各界朋友公司所提的企劃案等上達數百份，也沒有太僵硬的標準企劃書格式。不過，雖然不必有一致的標準格式，但是，卻有若干認為應該含在格式內的標準部分或撰寫方式要求，可包括以下七個部分，特分兩單元說明。

一、「表面技能」要求部分

(一)封面：報告封面上，一定要打上以下幾個內容，包含有1.企劃案或分析案的「主題名稱」；2.撰寫公司或部門、單位；3.撰寫或提報人員；4.撰寫或提報日期；5.有必要時，要加上「機密」，以及6.主題名稱太長時，可採用主標題及副標題方式呈現。

(二)目錄／綱要／頁碼：封面翻開之後，次頁一定要有本企劃案的重要各章、各節之目錄或綱要明細。列出目錄或綱要，才可以讓閱讀者或聽簡報者，能夠很快的一目了然，而且全面的了解及掌握此次企劃案報告內容的重點或方向。筆者有時看到缺乏目錄或綱要的企劃報告，顯示他們缺乏基本的訓練與要求。

(三)本企劃案「摘要」：對於比較大本或頁數比較厚的研究報告、營運企劃書或投資企劃書等，通常在目錄／綱要頁數之後，即會出現「摘要」頁。此摘要，即是利用一至二頁，非常精簡、有力、重點式的勾勒及說明此企劃案或報告案各個章節的重點與結論。然後讓平常很忙碌的老闆們，能夠在五分鐘內，看完「摘要」部分，即知道本企劃案的重要「結論」、「問題」、「發現」與「對策」是什麼。這是非常重要的。但是，如果只是比較簡短的企劃案或簡報版報告，則不一定要有「摘要」這部分。

(四)採用A4紙：一般來說，企劃案或企劃簡報，都是採用A4紙。如果是文字報告企劃案，則用Word電腦打字橫式編排。如果是精簡文字的簡報版，則是用PowerPoint電腦打字橫式編排。當然，報告內如果有必須用到B4紙或A3紙，則也可以含括必要的一、二頁B4紙。

(五)順序代稱要求：以一般標準要求來看，撰寫企劃報告的順序代稱，應該遵守右圖所示的原則；此即，首先是寫「壹」，然後，下面才有接著一、二、三等，然後，一之後的下面，則接著為(一)、(二)、(三)等，(一)之後，接著為1、2、3。1之後，接著為(1)、(2)、(3)。如此下來，即顯得非常有次序感，不會凌亂，而看不清各部分的重點。此外，對於較厚頁的企劃報告或研究報告，則要加一些第幾章與第幾節的字眼。如果還有更複雜的報告，則再增加第幾部分。

二、企劃的「前提部分」

在企劃案的正文之前，必須再加上有關撰寫本企劃案的原因、目的、背景、宗旨，或目標、緣起、沿革等基本前提說明，以讓人了解本企劃案為何而來？為何而產生？以及它的重要性、優先性，以及決策的重點所在。

企劃案撰寫格式說明

基本上 → PowerPoint版 / Word版 → 並無一定的標準格式

企劃案撰寫格式一些要求

1.要有吸引人封面
→ ①主題名稱
②提報公司、單位及人員姓名
③提報日期

2.要有大綱或目錄頁
→ 讓長官或外部人員能夠很快掌握此企劃案的內容為何，以及是否完整。

3.PPT每頁的主標題及副標題要下的好
→ 標題要講出此頁的精華及重點為何，不能只是泛泛之談的字眼。

一般撰寫企劃報告的順序代稱

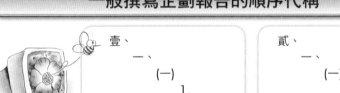

壹、
一、
（一）
1.
(1)
①

貳、
一、
（一）
1.
(1)
①

如何讓厚報告更有次序感？

一般厚報告	更複雜的報告
・摘要 ・第一章 　第一節 　第二節 ・第二章 　第一節 　第二節 　： 　： 　： 　：	・摘要 ・第一部分：○○○ 　第一章：XXX 　第二章：XXX 　第三章：XXX ・第二部分：○○○ 　第四章：XXX 　第五章：XXX ・第三部分：○○○ 　第六章：XXX

Unit 3-8
企劃案撰寫的基本格式 Part II

圖解企劃案撰寫

企劃案撰寫的基本格式，首要注意的是前文提到的表面技能與前提說明，再來就是進入企劃主題的分析及其可行方案的研擬了。

三、企劃的「分析部分」

所謂企劃的分析部分，包括公司組織分析、SWOT分析、競爭者分析、環境分析、當前重大問題分析，以及其他必要分析項目等。

四、企劃的「詳細計畫說明、撰寫部分」

經過分析之後，再來就要進到企劃的內容本體，那到底要怎麼做？如何做？這又必須提到包含有1.工作人員、組織表與分工計畫；2.推動方法，包括方式策略、戰術、管道途徑、政策、具體作法的目標與流程等；3.時程表，包括各工作細項列示及其時間表與進行順序安排，以及4.預算，包括費用預算、成本預算，有時還涉及營收預算、獲利預算、資本支出預算或資金來源方式等內容。

五、企劃的「可行方案、替代方案」

部分企劃提出的對策或方案，當難以決定不同觀點、不同風險或不同影響時，則可以提出兩案並呈或三案並呈。從不同方案的不同思考點提出不同計畫，以供高階決策者或團隊成員共同討論，以博諮眾議，避免單一方案不夠周延的缺失。有時也是因為各部門一級主管有不同的觀點與堅持，因此企劃幕僚單位，也就同時將不同方案上呈最高階來做最後敲板定案。

六、收尾部分

結語／結論、參考資料、附件／企劃報告的最後部分，一定要提出自己部門內或是綜合各部門最後看法的結語或結論，讓人家有一種收尾的感覺，最後最好要加上「謝謝指教」或「恭請裁示」等用語。

此外，結論之後，如果還有很多比較細節的文件、深入資料、補充資料或佐證資料，則可以集中放在「附件／附錄」部分。另外，最後面，如有必要，可能還要再加上「參考資料」來源說明，包括引用取自哪些報紙、雜誌、專書、期刊、網路、面談、政府出版品、公會出版品、國外教科書、研究報告等。

七、圖形→表格→文字呈現優先順序方式

企劃人員都必須知道，企劃案或研究報告的呈現方式，有一個重大原則，即：1.優先使用圖形表達要講的文字內容，因為圖形最引人注意，也能在最短時間內，看出重點所在；2.其次，要用表格呈現，也能使人易於了解；3.最後，才是用到文字。因此，有句話說的好：「文字」表達不如「表格」，「表格」表達不如「圖形」。

吸睛的企劃案撰寫方式

 有句話說的好——「文字」表達不如「表格」，「表格」表達不如「圖形」。

 ★特別是在做 PowerPoint簡報版 ➡ 多用圖形＋表格＋扼要文字標題 ➡ 即可重點式表達出每一頁的意義及重點所在

★襯底色彩方面 ➡ 運用Office 3D 或Show 3D的軟體 ➡ 將會達到更吸引人的畫面效果

企劃案PPT儘量以圖及表格呈現

最佳的 PPT企劃報告 ➡ 儘量每頁全部以圖形或表格呈現出重點即可！

PPT每頁的3項重點必須做好

1.每頁上面扼要的下主標題及副標題

2.圖形＋圖片呈現

3.表格數據呈現

做好PPT呈現 3要訣

Unit **3-9**
企劃創意培養方法 Part I

　　「創意培養」是行銷企劃人員、廣告人員與產品設計人員不可或缺的重要技能。創意的成功，經常可以帶動品牌知名度與產品銷售創下佳績，但如何培養創意呢？

一、顛覆傳統，打破習慣，反向思考

　　很多人拘泥於傳統的思維與既有習慣，毫無創意可言。因此，要有創意必須先顛覆傳統、打破習慣、反向思考。我們舉幾個例子來看：1.為什麼洗澡只能用一塊一塊的香皂，而不能用液體般的東西？因此出現了沐浴乳與洗手乳；2.為什麼洗衣服只能用一粒一粒白色的洗衣粉？而不能用液體般的東西？因此出現了洗潔精與洗衣精等產品；3.為什麼電腦一定要是桌上型的？不能隨手提著隨手用？因此出現了筆記型（NB）電腦，愈來愈受歡迎，現在甚至已有平板電腦（iPad），更加方便攜帶及輸入操作；4.為什麼拍廣告一定要用國語發音？因此出現了日語發音的日本產品廣告，例如馬自達汽車廣告、御飯糰廣告等；5.為什麼錄影帶要那麼大？不能有其他輕些、小些的替代品？因此出現了CD，非常輕薄短小，以及6.為什麼便利商店不能賣熱食？因此出現了關東煮熟食及鮮食便當。

二、從「需求」出發──有什麼需求尚未被滿足

　　大部分創意，是為了解決人們的需求，特別是為了解決那些尚未被滿足、未發現的需求，只要能從需求觀點出發，創意並不難產生，例如：1.為什麼繳交通違規罰單，只能到郵局或交通裁決所？不符合便利需求，因此便利超商後來都可代繳，此創意也增加超商的代收手續費收入；2.為什麼以前繳學費必須親自到學校繳？後來開放可在銀行與郵局代繳，未來應該也可開放到便利商店代繳（此舉只待法令放寬），以及3.為什麼以前提款要親自到銀行櫃檯辦理？現在則有ATM機方便提匯款，不必再排隊等待。

三、對人、地、事、物變化的敏銳觀察

　　行銷、廣告及產品設計人員應時時刻刻觀察人、地、事、物的變化，才能掌握創意來源。例如：1.雙週休開始，是否對休旅車市場增溫有助益；2.國內北部人與南部人的消費傾向與政治選擇不完全相同；3.不同年齡、所得、教育、職業、性別、個性等，亦必然會有不同生活方式的消費需求及消費觀，以及4.高等教育普及化政策下，私立大學紛紛設立，教育產業蓬勃發展。

四、常常閱讀，全方位生活知識

　　企劃人員必須常常閱讀各種領域的書報雜誌，才能沉澱出創新構想。如果本身知識貧乏，就不容易有創意可言。因此，舉凡各種財經、企管、社會人文、傳記人物、藝文、科技、電影、小說、散文、歷史文化、種族等相關資料，都應常常吸收。

企劃創意9種方法

新產品企劃？　經營戰略企劃？　行銷企劃？　新事業企劃？　廣告企劃？　設計企劃？

創意來源？

1. 顛覆傳統，打破習慣，反向思考
> 例如：為什麼手機要那麼大？不能輕薄短小放在口袋嗎？因此出現了超小型、可摺疊式新手機及新式智慧型手機。

2. 從需求出發——有什麼需求尚未被滿足
> 例如：為什麼以前汽車全是手排檔？後來全部改成自動排檔，方便駕駛。

3. 對人、地、事、物變化的敏銳觀察
> 例如：自行車在落後國家可能是上班上學的交通工具，但在先進國家可能是運動、便利、休閒登山的工具，觀點與需求大相逕庭。

4. 常常閱讀，全方位生活知識
> 舉凡財經、企管、社會人文、傳記人物、藝文、科技、電影、小說、散文、歷史文化、種族等相關資料都應常常吸收。

5. 喜愛旅行及出國參訪考察

6. 經常蒐集資料，分類儲存起來

7. 隨手筆記，趕快記下一閃而過的創意

8. 小組團體討論，集思廣益

9. 自我放鬆，諸法皆空，自由自在

10. 時常問自己——為何如此？為何不如此？

Unit 3-10
企劃創意培養方法 Part II

企劃人員唯有不斷追根究柢的問Why，才能得出最好與最可行的解決方案。

五、喜愛旅行及出國參訪考察

俗謂「讀萬卷書，不如行萬里路」，企劃人員應多利用休假時間，到國內外旅行，看看每個地方、每個國家的人文社會特色及市場情況。另外，也應多向公司爭取出國參訪考察。尤以新行業、新市場、新經營手法與新思考等，都應放眼到國外看看。

六、經常蒐集資料，分類儲存起來

創意的產生或撰寫企劃的資料來源，必須仰賴大量國內外及公司內部的資料來源。因此，必須養成經常蒐集資料，並且加以分類儲存。例如廣告公司創意部門經常蒐集日本廣告片CF大賣的帶子，作為廣告創意的參考，以及東森電視購物經常拷貝美國QVC與韓國LG電視購物節目帶，作為節目與產品的參考。

七、隨手筆記，趕快記下一閃而過的創意

想法豐富的企劃人員，經常在開車、喝咖啡、吃飯、開會、深夜，甚至與客戶好友約會、看資料、參展或看電影時，引發與公司業務相關的想法或創意，必須盡快隨手記在筆記本或PDA或紙上，等回公司再構思寫出來，否則想法與創意稍縱即逝。

八、小組團體討論，集思廣益

面對一個複雜的企劃案，或是很冷門、還是不明確尚在發展中的企劃案時，個別的企劃人員可能沒有足夠的知識、常識、格局或創意完成一個企劃案。因此，必須藉助公司內部跨部門小組團體的多次熱烈討論與辯論，集思廣益，然後逐步縮小範圍，得到企劃的突破重點與作法所在。

九、自我放鬆，諸法皆空，自由自在

當企劃人員工作太緊湊或壓力太大，很可能寫不下去。此時，應從工作中抽離，去看山、看海、出國、看電影、聽音樂、SPA，或運動，總之，要讓自己完全放鬆，諸法皆空，自由自在，體會人的存在意義與人生問題。然後，再回到工作崗位，將會有不一樣的工作情緒、思考與精神。

十、時常問自己為什麼？

企劃人員要勇於挑戰大眾、主管，甚至最高經營者，並推翻自己，經常問自己：Why？Why So？Why Not？透過Why的挑戰，會讓思考更上一層與更深入一層，才能看到解決的本質。這是非常重要的根本問題。尤其在官僚體系與論資排輩的傳統公司，堅持這種Why的精神尤其重要。否則，企業最後仍要面對競爭對手的強力挑戰。

出國參訪考察與企劃創意

讀萬卷書，不如行萬里路

⬇

多赴先進國家考察參觀（日本、美國、歐洲、韓國）

⬇

3大發現

1.發現新事業、新產品、新品牌	➡	2.發現代理、引進、合作機會	➡	3.發現新點子、新作法、新廣告、新行銷方法

⬇

案例一

統一超商、統一宅急便、統一康是美（藥妝店）、統一星巴克（咖啡）、統一武藏野便當公司等，都是統一企業到日本及美國參訪考察後，決定國內值得開發經營的市場。
Why？？？①國外有成功經營的案例。②國內環境與國外相差不遠。③國外名牌公司可以合作，加快速度。

案例二

東森得易購電視購物公司，也是出國參訪韓國兩家大型電視購物公司後，即決定要做。

小組團體討論，激發出新創意

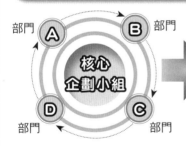

部門 Ⓐ ← → Ⓑ 部門
核心企劃小組
部門 Ⓓ ← → Ⓒ 部門

➡

透過集思廣益，會激發出新創意！

此種模式，在很多公司或企劃單位中，經常看到。畢竟一個人的生活、教育、觀點、年齡、所得、嗜好及消費等，與五、六個人或八、九個人相比較，當然會有格局不夠大之缺點。

知識補充站

統一超商如何蒐集資料

個人應該針對自己公司的行業，在各種網站、專業雜誌、國際展覽會等，廣泛蒐集國外先進國家第一品牌的相關發展策略與作法。例如統一超商每月定期蒐集翻譯日本7-11超商的經營與行銷活動，作為經營參考，該公司的主題行銷活動，即參考日本7-11公司，另如御飯糰、御便當、關東煮、涼麵、三明治、麵包、鐵道之旅、各地鄉土產品、ATM機等，亦引進日本7-11公司的相關模式。

第 **4** 章
如何成為企劃高手

章節體系架構 ▼

Unit 4-1　企劃高手應有四大類知識 Part I

Unit 4-2　企劃高手應有四大類知識 Part II

Unit 4-3　八力提高你的企劃力 Part I

Unit 4-4　八力提高你的企劃力 Part II

Unit **4-1**
企劃高手應有四大類知識 Part I

圖解企劃案撰寫

　　如何成為優秀的企劃人員與企劃高手？這並不是一件容易的事。寫企劃案，人人多少會寫一點，也曾經寫過。但是，要寫出真正好的企劃案或計畫報告，顯然就需要高段數的好手了。

　　時常有人問我：如何成為優秀的企劃高手？優秀的企劃高手應具備哪些學理知識或企劃技能？一般來說，優秀的「綜合企劃」高手，能夠應付各種不同目的與不同構面的「綜合企劃案」，應該具備四大類學理知識與技能。

一、相關「產業」的知識（使自己成為這個行業的專家）

　　每個企劃人員在各自不同產業工作，對自身產業或行業都有基本認識。比較困難的是，企劃案有時涉及不同行業的分析、評估與規劃，這時企劃人員必須多多請教那個行業的專業人員，才能有效解決自己產業知識（Industry Knowledge）上的不足。

　　所謂「隔行如隔山」，不同的產業都有一套不同的產業結構、產業知識與產業發展狀況。企劃人員面臨不同產業需求時，除了自己必須蒐集那個產業的基本資料，加強研讀外，藉助外部的專業機構、專業報告與專業人員的諮詢、訪談、委外研究等，均屬可行之道。

二、相關「專業企管功能」的知識

　　相關專業企管功能的知識（Business Function Knowledge），就是指「企業功能」中各種不同專業領域的分工功能，包括財務、生產、採購、研發、策略、人力資源、業務、行銷、法務、行政庶務，以及資訊電腦等專業領域。一般公司組織的安排，幾乎也是依據專長（專業）功能來劃分組織結構與組織單位名稱。一般來說，企劃人員在這方面的學理知識與技能，大致上不會有太大的問題。

三、「跨領域」的商學專業學理知識

　　跨領域的專業學理知識（Cross-Function Knowledge），就是一般企劃人員較為疏忽或認識不足的部分，此部分的學理知識，猶待企劃人員加強。所謂「跨領域」的商學專業學理知識，主要包括有1.策略領域學理知識；2.行銷領域學理知識；3.經濟學領域學理知識；4.財務分析與會計報表領域學理知識；5.企業經營與管理概論的學理知識，以及6.國內外財經、法令、社會、科技的環境知識等六個方面。

　　如前面各章所述，企劃案的分類很多，層次及範圍皆不盡相同。但是對於真正能夠應付各種企劃案的「綜合企劃」或「經營企劃」人員而言，必須擁有比一般部門內配屬的企劃人員更豐富的「跨領域」學理知識，否則無法做好真正大型或高難度的企劃大案。為什麼企劃人員除了各行業的專業知識，以及自己專業分工部門功能的專業知識外，還必須具備跨領域的學理知識呢？總結一句話，這六個跨領域學理知識有助於企劃案的撰寫與架構思考，否則企劃案的層次內涵將會有所不足。

6大跨領域學理知識的助益

學理知識與助益

領域	助益
1.策略領域	對制定集團、公司或專業群總部的策略方向、目標、競爭策略與計畫步驟內容，會有助益。
2.行銷領域	對如何創造公司營收成長的原因、方向、步驟、計畫內容，會有助益。
3.經濟學領域	對產業結構、產業競爭、規模經濟等分析與規劃，會有助益。
4.財會分析領域	對財務分析、會計報表分析、數據來源的前提假設與營運效益等分析，會有助益。
5.企業經營與管理概念領域	對企業經營循環與管理循環之內容與計畫的分析、規劃，會有助益。
6.國內外各種環境構面知識領域	對掌握及分析國內外政治、經濟、法令、社會、文化、人口、結構、科技、競爭動態等環境變化，擴大企劃案的思考架構及背景分析，會有助益。

6大跨領域學理知識的重點

① 策略領域

①波特一般性競爭策略　②SWOT分析　③波特產業五力架構分析
④核心能力理論　⑤資源基礎理論　⑥競爭優勢理論
⑦創新理論　⑧成長策略　⑨購併策略
⑩全球布局策略　⑪群聚策略

② 行銷領域

①行銷導向（顧客導向）　②產品定位　③市場區隔
④目標行銷　⑤行銷5P組合策略　⑥行銷研究
⑦消費者行為　⑧CRM（顧客關係管理）　⑨其他

③ 經濟學領域

①產業結構分析　②產業競爭　③規模經濟　④範疇經濟　⑤交易成本理論
⑥內部化理論　⑦價格策略　⑧賽局理論　⑨雁行經濟　⑩群聚經濟效應

④ 財務分析領域

①獲利力分析　②營運力分析　③財務結構分析
④現金流量分析　⑤上市櫃分析　⑥資金募集分析

⑤ 企業經營與管理概念領域

①企業功能循環理論　②管理功能循環理論

⑥ 國內外各種環境構面領域

國內外產業、競爭者、經貿、社會、人口結構、科技、
法令、運輸、資金、政治與市場發展之影響分析。

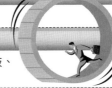

Unit **4-2**
企劃高手應有四大類知識 Part II

　　就筆者多年來的工作經驗及觀察顯示，在這四大類企劃人員應具備學理知識與技能中，一般對於相關產業知識與專業功能知識，比較熟悉而上手，問題不大。對於跨領域學理技能及一般化企劃技能，就較無法百分百勝任，顯得有所不足與實力欠缺。

四、「一般化」企劃技能

　　一般化企劃技能（General Planning Skill & Capabilities），是指在撰寫企劃案時，如何撰寫及呈現企劃案的總體表現。這種「一般化企劃技能」包括六大類，用比較簡單字語表達，就是企劃人員必須問自己是否具有以下六大原則技能：

　　(一)組織能力：包括架構能力、組織結合能力、邏輯分析能力；即你對於任何一個交代下來的企劃案，是不是能夠很快「組織架構」出整個企劃案撰寫綱要的邏輯、內容與順序？還是覺得毫無頭緒或紛亂雜陳？

　　(二)文字能力：包括文字撰寫能力、下標題能力；即你是否具有無中生有或具有更美的文字撰寫能力與下標題能力？能讓企劃案看起來很順暢，重點明確，不必說明就能看得懂。

　　(三)蒐集能力：指蒐集資料的能力；即你是否具有各種來源管道的資料蒐集能力？包括公司內部及公司外部的資料來源。

　　(四)判斷能力：包括重點判斷能力、決策建議能力、替身角色扮演想像力；即你是否對於蒐集到的資料，經過你或小組成員共同分析、討論後，能夠有效掌握企劃案的撰寫重點？並且對報告中的重要決策與方案，有能力提出建議或對策。

　　(五)電腦工具能力：指電腦美編作業軟體應用能力；即你是否有能力使用電腦美編作業軟體，包括PowerPoint簡報作業軟體等。

　　(六)口語表達能力：指簡報表達能力；即你是否能很穩健、清晰與不會緊張的做企劃案的口頭報告或簡報表達。

小博士解說　「跨領域」怎麼做？

　　一般非專業的企劃人員，應該如何充實前面單元提到的六大跨領域共通的學理知識呢？大致有以下幾種方式：一是到各大學EMBA班再進修兩年，除可獲取學位外，亦可加強充實跨領域的學理知識；二是購買六大領域的「教科書」或「商業書籍」，利用晚上自我研讀進修；三是參加各種專業研修課程，例如各企管顧問公司、會計事務所、各大學附屬訓練班及各訓練機構等；四是每天閱讀財經報紙與雜誌，包括《工商時報》、《經濟日報》、《天下雜誌》、《遠見雜誌》、《商業周刊》、《數位時代》、《哈佛管理評論》、《Career》、《Money雜誌》、《財訊月刊》、《今周刊》，其他國內外專業商業專書、期刊及相關網站等。

成為企劃高手4大知識與技能

如何成為企劃高手？

1.相關產業知識（產業專家）

①不同的產業都有一套不同的產業結構、產業知識與產業發展狀況。

②當企劃案涉及不同行業時，企劃人員除了蒐集那個產業的基本資料，也可藉助外部專業機構，以有效解決自己產業知識上的不足。

2.相關專業企管功能知識

①指「企業功能」中各種不同專業領域的分工功能。

②包括財務、生產、採購、研發、策略、人力資源、業務、行銷、法務、行政庶務，以及資訊電腦等專業領域。

3.跨領域的6大商學專業學理知識

①策略知識

②行銷知識

③經濟學知識

④財務分析與會計報表知識

⑤企業經營與管理概論知識

⑥國內外財經、法令、社會、科技的環境知識

這是一般企劃人員較為疏忽或認識不足的部分，猶待企劃人員加強。

4.一般化企劃技能

①組織能力

②文字能力

③蒐集能力

④判斷能力

⑤電腦工具能力

⑥口語表達能力

如何充實跨領域知識

充實跨領域知識

① 進修EMBA企管碩士班

② 自我進修，購買商管書籍

③ 參加外部各種研修課程

④ 定期閱讀商管雜誌

Unit 4-3
八力提高你的企劃力 Part I

　　如何成為一個傑出的企劃高手，以及如何提高企劃力，根據筆者多年經驗，以及在不同行業但都從事類似企劃工作朋友們的心得，共同表示提高企劃力，應該練就「八種功力」，才可以在企劃工作生涯上得心應手，並對公司發展有所貢獻。

一、組織力（系統化能力）

　　組織力（Organize Capabilities）具有兩種不同面向的涵義：一是指在撰寫企劃報告時，對於報告內容的組合性及完整性，具有相當強的組織能力，能把一個複雜的大案子，在極短時間內，組織成有系統且周全完整的企劃報告；另一則是指在各單位分工撰寫大型企劃案時，能夠有效整合不同部門單位與人員，並在限定時間內，各自完成各分工小組的企劃報告，而不是零散交卷或是沒有全力以赴的支持這個企劃案。

二、資訊力

　　資訊力（Information Collecting Capabilities）係指對於企劃案所需蒐集公司內外部資訊情報的能力。一是靜態蒐集資料與數據的完整性與速度性能力；二是動態蒐集資料情報的能力，特別是一些具有高度機密情報，而難以獲得的資料情報，例如競爭對手公司的獲利情況、新廠進展狀況、技術突破狀況、新產品研發速度、價格策略、新品上市時間、促銷謀略或海外設廠等情報。

　　因此，身為一個企劃高手，不應是每天安靜坐在辦公室的靜態幕僚，有時也要走出辦公室，到外面掌握相關動態。企劃人員如果缺乏競爭對手的第一手資訊情報，很難做出有效的對策方案。

三、邏輯力

　　撰寫一份清晰、有力、簡要且讓人一目了然的企劃報告，顯然要有邏輯架構的能力（Logically Thinking Capabilities）。能夠很有條理、很有系統且很有邏輯的呈現整個報告。就好像在看一部電影或聽一個故事，非常流暢的走完全程，讓人拍案叫好。

四、前瞻力

　　一般來說，缺乏歷練或年紀太輕的企劃人員，經常比較注意到眼前的事情，而忽略未來的事情，缺乏對未來前瞻能力與前瞻性眼光。企劃人員如果缺乏前瞻力（Visionary Capabilities），就不易做出中長期事業規劃案及成長策略規劃案。而所研擬出的企劃觀點或決策建議觀點，也可能較為短視、狹窄、立即、可觸及。這雖不能說是錯的，但是企業很多事情、很多創新、很多擴大投資及決策，卻需要用前瞻性的視野看待並評估。

　　所謂「爭一時，但也要爭千秋」，其意指：爭一時，代表現在要活下去；爭千秋，則代表未來更要活下去。兩者顯然不可偏廢。

提高企劃力的8力

① 組織力——如何整合、組合一份報告

①在短時間內，將一個複雜大案，組織成有系統且完整的企劃報告。
②在各單位分工撰寫大型企劃案時，能有效整合不同部門單位
　與人員，並在限定時間內，各自完成各分工小組的企劃報告。

② 資訊力——如何獲取公司內、外部的資訊情報

企劃高手，不應是每天安靜坐在辦公室的靜態幕僚，有時也要走出
辦公室，到外面掌握相關動態。

資訊情報蒐集的容易度如何？

公司內部情報	外部情報
容易度高	容易度低

改善之道
要多建立人脈關係，
才能蒐集到。

③ 邏輯力——如何有系統、有順序架構報告

有些企劃案的安排順序非常混亂，缺乏一致性的邏輯，
讓人不容易看下去。這就是缺乏邏輯力的訓練。

④ 前瞻力——如何看到更長遠的未來

爭一時，代表現在要活下去；爭千秋，代表未來更要活下去。兩者都不可偏廢。

⑤ 創造力——如何力圖有效創新實現

⑥ 表現力——如何透過電腦文書處理呈現一份清爽可讀性高的報告

⑦ 協調力——做好跨部門溝通協調

⑧ 說服力——說服別單位接受本案

Unit **4-4**
八力提高你的企劃力 Part II

　　一個企劃人員若真能同時兼具這八種力量，則一定是個「超級企劃高手」。同時，一個部門的全體企劃同仁，也都能練就這八種企劃功力時，這個企劃部門一定是帶動公司不斷向前衝及向上提升的先頭啟動部隊。

五、創造力

　　創造力（Creative Capabilities）是企劃案中非常重要的一環。也是上級主管或聽簡報者，最想看到與聽到的核心點，而所謂的決策點，創造力也正是關鍵。

　　創造力就行銷面而言，是一種「創意」或「點子」。而就經營面而言，則是一種「方向」與「方案」的具體呈現。

　　而企劃人員功力大小，其實也是看這一部分的表現。因為這一部分，將會影響到最後我們該怎麼做的實際問題。如果企劃案缺乏創造力，就不太可能產生太大的效果。特別是像販促企劃案，如果販促誘因不大，則不太可能增加業績。

六、表現力

　　這是賦予企劃案報告文書的外貌，如何以淺顯易懂的方式，向公司主管或外部客戶及有關專案人士，呈現的文字書寫及電腦美編技巧等。一份清爽及可讀性高的企劃案，必然是書面表現力（Demonstrate Capabilities）不錯的。

七、協調力

　　企劃人員撰寫企劃案之前、進行中，以及撰寫完成後等三個過程時點，有一件事也很重要，就是必須與其他部門，以及與本案相關的部門人員，進行密切而友好的溝通、討論，吸取不同意見並化解歧見，使其在簡報會議上，不會出現不同意或不認同的相反看法，使會議氣氛突然僵掉，而沒有任何結論。

　　因此，優良的企劃人員，絕對不是孤芳自賞、一人英雄，更不是上級指導單位，而是一個提供專業頭腦分析與策略的準幕僚單位，更要具有協調溝通能力（Coordinate Capabilities），否則企劃人員在公司會做的很辛苦。實務上，企劃人員因為學歷較高，眼界較高，因此比較缺乏良好的溝通協調力，這是應該積極改善的缺失。

八、說服力

　　優良企劃人員的功力展現，就像布道牧師或廣告創意總監，其言行表達與自信執著，會讓人感受到一股強大的說服力（Persuade Capabilities），說服大眾能夠接受這個企劃案，而使異議聲難以出現。

　　表達的說服力有些是天生秉賦，有些則是後天可以訓練及培養。當企劃人員對這個企劃案，非常投入、專注且了解來龍去脈與整個布局後，企劃人員的說服力程度也會跟著提高。

提高企劃力的8力

1 組織力——如何整合、組合一份報告

2 資訊力——如何獲取公司內、外部的資訊情報

3 邏輯力——如何有系統、有順序架構報告

4 前瞻力——如何看到更長遠的未來

5 創造力——如何力圖有效創新實現

①這是企劃案中非常重要的一環，也是上級主管或聽簡報者，最想看到與聽到的核心點。
②企劃人員功力大小，其實也是看這一部分的表現。

6 表現力——如何透過電腦文書處理呈現一份清爽可讀性高的報告

可讀性高的企劃案，必然是有不錯的書面表現力。

7 協調力——做好跨部門溝通協調

優良的企劃人員，絕對不是孤芳自賞、一人英雄，更不是上級指導單位，而是一個提供專業頭腦分析與策略的準幕僚單位。

8 說服力——說服別單位接受本案

企劃人員應對自己所提出的企劃案具有高度自信心與膽識，才能說服別人。
做不到這點，將使企劃人員的角色與功能，停留在抄抄寫寫，只做彙整的有限功能層次。

第 5 章

企劃成敗因素與問題探索

 章節體系架構 ▼

Unit 5-1　企劃人員成功九大守則 Part I

Unit 5-2　企劃人員成功九大守則 Part II

Unit 5-3　企劃人員七大禁忌 Part I

Unit 5-4　企劃人員七大禁忌 Part II

Unit 5-5　企劃失敗的原因及探索 Part I

Unit 5-6　企劃失敗的原因及探索 Part II

Unit 5-7　企劃失敗的原因及探索 Part III

Unit **5-1**
企劃人員成功九大守則 Part I

嚴格來說，企劃部門並不是很好做的工作單位，他們不像業務、採購、生產或人事等部門的人員，都有每天很明確的工作事項與職掌，因為他們掌管業績、採購零組件、生產數量進度與人事動態，這些人、事、物都很明確，也有工作考核指標。

但企劃部門的人員就不同了，他們每天都要動腦筋、吸收新知識、關心新動態、提案子，又要注意跨部門間的溝通協調與集思廣益，而且績效的考核，在某些狀況下，也不是非常明確，因為存在無形與長遠的效益，而非有形與短期的效益。而且企劃人員的案子，一定會涉及全公司體系或部分其他部門，這個「做人做事」都要兼顧的單位，確實需要有兩把刷子，所謂「沒有三兩三，不敢上梁山」，正是此意。

要做好企劃工作，必須遵奉企劃人員的九大守則，才能成為一個對公司有存在價值的工作單位與企劃高手。

一、加強充實學理知識「本質學能」

企劃人員第一件事情，要不斷持續的加強充實自身學理知識的進步、擴大並與時俱進。企劃案的撰寫、蒐集、分析、評估及判斷等，都或多或少會用到根本的學理知識。如果這方面的根基不夠扎實，那麼在分析力道、策略建言與正確性判斷上，都會顯得很膚淺。如果要拿給投資機構、銀行或私募對象看，都會有拿不出去之感。

筆者以前公司的董事長就曾說過一句話：「如果連拿出去的書面東西都不能寫的很好與包裝的很好，更遑論你們會如何做好這個案子。」意思就是，「門面都不能包裝好，更難讓人相信你們會營運賺錢。」此話確實有幾分道理。其實一個企劃案寫的好不好，專業單位及人員很快就能辨識出來，這是騙不了人的。尤其現在投資銀行、證券商、銀行審查部、信託機構、壽險投資部、投信公司等專業人員的素質及團隊都非常強，不僅學歷高（碩士以上），且各有領域專長，分析判斷能力也很強。

二、不斷吸收工作上多層面實務知識

除上述學理知識外，另一個也非常重要，即是本身所在公司與產業的相關實務知識與體驗。通常公司內部常會有很多種不同會議，例如每週各部門聯合主管會報、各種特定專案會議、本身部門自行會議、每月全公司經營績效檢討聯合會議、跨公司與跨部門協調會議，以及跨集團各公司資源整合會議。從這麼多的大大小小會議，企劃人員應多出席聆聽、作筆記並吸收成為自身的工作知識與技能，這是非常重要的。

三、加強外部人脈關係（人脈存摺）

很多企劃人員常待在公司，對外部公司的往來不多，人脈關係也很弱，這是有待加強改善。因為撰寫企劃案，經常會遇到蒐集資料的困難，尤其是要面對不是自身產業或行業，甚至需要異業合作，更需要外部人力支援，才能明瞭不同行業。否則企劃案撰寫會缺乏真實感與正確感。因此，企劃人員應多參加外部活動，以備用在一時。

企劃人員成功9大守則

1 加強充實學理知識「本質學能」

①企劃案寫的好不好，專業單位及人員很快就能辨識出來。
②公司企劃人員必須跟上時代腳步，這是一種「企劃競爭力比賽」的時代。

企劃競爭力比賽

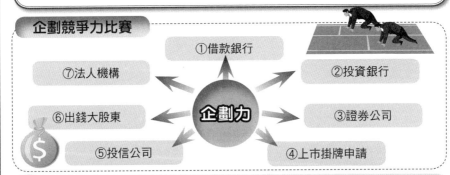

企劃力
①借款銀行
②投資銀行
③證券公司
④上市掛牌申請
⑤投信公司
⑥出錢大股東
⑦法人機構

2 不斷吸收工作上多層面實務知識

企劃人員若不夠了解公司、集團或部門別的發展動態與需求，那又如何做企劃呢？→ 開會，其實是最好的教育訓練。

3 加強外部人脈存摺

企劃&
人脈存摺
①同業公會、協會
②上游供應商
③下游通路商、經銷商
④下游零售商
⑤周邊關聯企業
⑥競爭對手公司的企劃人員或業務人員
⑦外部研討會
⑧外部訓練班
⑨會計師、律師等

知識補充站

如何不斷吸收實務知識

筆者以前的公司老闆常說：「開會，其實是最好的教育訓練」，因為每個部門都會提出他們的工作狀況、工作問題與解決對策，這些都是充實自己很好的維他命補給品。因為，有這麼多各具專長與經驗的主管口頭報告及書面報告呈現在你眼前，這是多麼好的知識與經驗的「廉價呈現」，企劃人員應好好掌握此良機。但是，依筆者工作十多年的開會經驗，除了少數企劃人員會上進用心吸收外，大部分企劃人員並沒有用心聆聽，而吸收成為自己的東西，這是很可惜的。

Unit 5-2
企劃人員成功九大守則 Part II

企劃人員不像其他部門每天有例行事務，須要隨時了解各方變化，以溝通協調。

四、隨時了解外部環境的變化

外部環境的變化，不管有利或不利，都一定會影響公司業績及整體營運發展。

五、企劃案研擬應多討論，集思廣益，使其更完整

企劃人員初擬企劃案時，在小組或部門內，應與其他成員多做討論，相互腦力激盪，集思廣益，然後使案子的層面更為周全，可行性也會更高。畢竟每個企劃人員的背景、想法、生活方式、經驗都有些不同，但將這些不同融合在一起，也將會更好。

六、做好跨部門溝通協調

很多企劃案都會涉及其他部門的作業配合，或是對其他部門的績效加以分析評估。因此，企劃部門如果沒有得到其他部門的認同或事前予以知會或邀請他們共同參與討論，則其他部門主管可能不會認同，甚至不予配合或反對。因此，企劃人員撰寫企劃案的過程中，應與案子涉及的相關部門充分溝通協調與密切開會討論，尋求他們對此案的認同、支持與配合，這個案子將來才能順利推動。

七、精進電腦文書及簡報的美編應用能力

企劃案最終必然會以靜態的書面呈現出來。不管是PowerPoint簡報或Word文字版，企劃人員對於如何下大標題、副標題，以及字型、間距、彩色版製作等細節問題，都應提高電腦文書作業能力。讓企劃案看起來非常清爽、耀眼、明確，讓人想看下去。

八、自我不斷進步、超前公司的發展步伐，力求創新

最難得、最高層次與對公司貢獻最大的企劃人員，就是能夠隨著公司發展，自我學習，不斷進步，一年比一年成長而豐富。筆者以前的老闆，勉勵企劃部全體成員時，就期待他們能夠跟上公司與集團的發展步伐，最好還要超前公司的發展步伐。

而要超前公司的發展步伐，顯然要能力求創新，並以國外行業及國外大公司的發展歷程與經驗，作為佐證，證明這個方向、策略與目標是最正確的企劃結果。

九、要成為對公司有「生產力價值」的幕僚人員

基本上，除了少數型態的企劃人員是屬於業務作戰人員外，大部分企劃人員，還是屬於幕僚人員型態居多。即使是非業務人員，但企劃幕僚人員仍然必須發揮腦力思考、分析、評估、規劃與建議的生產力價值出來，才能在公司存活，並且得到其他部門對企劃部門及企劃人員的認同。如果當其他部門都經常主動請企劃人員協助時，就代表企劃部門的存在價值，否則企劃部門陣亡率就會比較高。

企劃人員成功9大守則（續）

④ 隨時了解外部環境的變化

①經濟環境　②法令環境　③科技環境　④競爭環境　⑤通路商環境
⑥供應商環境　⑦全球變動環境　⑧能源環境　⑨金融環境　⑩產業環境

⑤ 應多做小組討論，集思廣益，使其更完整

每個企劃人員的背景、想法、生活方式、經驗都有些不同，但將這些不同融合在一起，也將會更好。

⑥ 做好跨部門溝通協調

①通路商（批發、經銷、零售商）　②財務部
③生產部　④業務部　⑤研發部　⑥採購部　⑦資訊部
⑧稽核室　⑨海外各產銷據點　⑩廣告公司　⑪公關公司

⑦ 精進電腦文書及簡報美編應用能力

電腦文書處理的表現，就好像穿上一套漂亮衣服，讓人更加欣賞。如此內外皆美，將是最好的企劃案。

⑧ 自我不斷進步、超前公司的發展步伐，力求創新

走在公司的最前端，能夠帶領公司集團，或自身部門往哪方向走，才是最佳成功之路。

⑨ 要成為對公司有生產力價值的幕僚人員

做好溝通的前提

企劃部門如果沒有得到其他部門的認同或事前予以知會或邀請他們共同參與討論，則其他部門主管可能不會認同，甚至不予配合。但是，做好溝通協調固然是必要的基本原則，但也不能百分百聽從對方部門的所有意見、看法與作法，否則何必要有企劃部？企劃單位最後應有自己特定的見解與思考，最好還是融合雙方意見。當不能融合時，則可能必須表達兩種不同方案，供最高經營者最後裁示，選擇採納哪一種方案。

知識補充站

如何判斷企劃部門的價值

依筆者多年工作經驗顯示，企劃部門及企劃人員的存在是絕對必要，但他們對公司與集團的作用及其貢獻的大小，則要看兩項因素：一是這個企劃部門的主管是否能力很強，企劃主管能力不強，那麼企劃部門在公司部門內的重要性排行榜，將會殿後；二是高階經營者是否重視企劃部門，是否會使用、支持、經常交付重要任務給企劃部門負責，並讓他們有表現的機會。

有些公司的企劃部門，都是總經理或董事長親自帶領，或是直屬董事長或總經理，如此一來，企劃部門更能發揮效益。但是，重點仍在於公司的企劃部門是不是都是強將強兵的企劃成員。

Unit **5-3**
企劃人員七大禁忌 Part I

　　實務上，企劃人員應避免七大禁忌，才能順利推動企劃案，成為一個受歡迎的企劃單位及企劃人員。

一、切忌紙上談兵

　　企劃案及企劃人員最常被批評「紙上談兵」，不切實際，只會寫Paper Work，對公司並無貢獻。當然，這只是片面的批評與抱怨，偶爾也是有這種情形。但是，真正好的企劃部及企劃人員都會避免紙上談兵。問題是企劃人員如何避免流於紙上談兵？以下有幾點可做參考：

　　(一)企劃人員應多參加公司內部各種會議，才能掌握各部門最新發展動態、問題點與機會點，以及最高經營者的決策動向與經營方針：如果連這種最基本的動作都做不好，根本毫無資格成為高階企劃幕僚人員。

　　(二)企劃人員應常到第一現場，親身體會：包括生產現場、銷售現場、拍廣告現場，或是國外參展考察等。所謂「讀萬卷書，不如行萬里路」，應是此意。

　　(三)企劃人員應具有蒐集及掌握國內外最新市場、技術、產業、新產品及商機等情報的能耐：因為這些新發展及新趨勢情報，應是一般業務部門忙於現在業務，所無法得知的。而這些發展情報，對高階主管當然是有幫助的。

　　(四)企劃人員應比其他部門人員更有見解與創意：這些非凡且具膽識的見解與創意，若獲得業務部門主管的讚賞，就不會被譏為紙上談兵。

　　(五)企劃人員應蒐集或主動對外進行民調、市調：以科學化及客觀化的數據資料，作為企劃案強而有力的佐證，使其他部門人員無可反駁。

二、切忌只做規劃，不關心執行狀況

　　失敗不負責任的企劃人員，常說他們只負責規劃，不負責執行，執行是其他部門的事情。

　　這是嚴重誤解企劃部門的角色及功能，也是極為錯誤的想法。企劃→執行→考核→再企劃，是一種連結的循環關係。雖然在不同公司，可能把企劃部門與執行部門區分很清楚，但不代表企劃人員不用關心其他部門執行的情形。相反的，企劃人員最好要持續關心其他部門人員的執行狀況，並予以必要支援協助，或是做調整修正。

三、切忌一案到底，要隨時應變

　　企劃案不應是「一案定終身」，而是必須具有連續性及機動調整性的功能。

　　很多促銷案、價格案、投資案、廣告案、商品案等，在推出一段時間後，銷售並無起色，顯然當初的企劃構想與執行結果，並無法獲得消費者的認同及需要的滿足，或是無法勝過競爭對手品牌，此時即應暫停，並快速進行原因調查及修補轉向動作，待規劃完整後，即刻再推出市場。這就是能夠迅速回應市場需求的「顧客導向」。

企劃人員應避免7大禁忌

① 切忌紙上談兵

企劃人員如何避免紙上談兵

→ ①多參加公司業務部門會議，掌握第一線狀況。

不關心VS.關心

筆者常見有些年輕企劃人員開會時，毫不關心各部門的工作報告，認為那是其他部門的事，跟他們無關；或者說是這些年輕企劃人員無從真正體會出這有什麼重要可言。但是，也有另外一部分積極進取的企劃人員，努力做筆記及蒐集開會的報告資料，不斷吸取其他部門的智慧，這些企劃人員最後都能擔當大任，晉升職位。

→ ②應多到第一現場去看，親身體會。

→ ③隨時閱覽國內外產業與市場最新訊息情報。

→ ④應更有創意與見解，能有效解決第一線問題。

→ ⑤應多做市調，以科學化數據做有力佐證。

② 切忌只做規劃，不關心執行狀況

所謂企劃案的成功，不是寫出一個很漂亮的企劃案就算成功，真正的成功，是要執行完成，並經評估分析，確定是成功績效時，此企劃案才算是完成，企劃人員才可以全身而退，再展開另外一個案子。

> 這是企劃人員必須擁有的最重要理念。
>
> 否則，企劃人員常會被其他部門譏為「詛咒給別人死」（臺語發音），表示自己都做不到的目標，要別人來做，不是只會寫文字給別人死嗎？

③ 切忌一案到底，要隨時應變

企劃案應要機動彈性應變

促銷案	廣告案
定價案	新產品案
通路獎勵案	
新營運模式案	新投資案
新績效獎金案	新培訓案

→ 推出成效（效益）不大，不符合原先預期

↓ 企劃人員應主動彈性應變，即刻提出第二方案（備案）

↓ 看效果（效益）是否較好？

↓ 直到產生出效果為止！

很多商品企劃案與行銷企劃案，都是在「錯誤中摸索前進的」。我們只能說，能力強的企劃部門及企劃人員，能縮小或避免錯誤，因為他們已從過去多個教訓中學習到經驗。他們也累積過去數十個、數百個充分規劃的經驗，以及對市場的敏感性，從而能夠推出成功的企劃案。而這需要時間、努力，投入與進步的智慧才行。

Unit **5-4**
企劃人員七大禁忌 Part II

要成為一位能在工作有所發揮的企劃人員，並不是容易的事。如果不是高階企劃幕僚，要對公司產生更大貢獻並得到大家認同，那又難上加難。但企劃人員如能避免這七大禁忌，至少可在公司存活；如果又積極做好前述九大守則，則必然成為一位受人讚許的企劃高手，甚至還能擔當大任，晉升更高職位，負責更多部門的高階主管。

四、切忌高高在上

高階企劃人員應忌諱自己高高在上，以為直屬某董事長室、總經理室或總管理處，便姿態很高，好像是上級單位在指揮下級單位，這是很要不得的心態。

根據筆者的經驗，愈是處在老闆身邊的高階企劃幕僚人員，更應謹言慎行，不可拿雞毛當令箭，尤其要做好各部門協調工作，就是一個很好的工作團隊，各有各的一片表現空間，各有各的專長分工，然後力量可以凝聚在一起。這才是成功與成熟的高階企劃人員所應有的做人處事態度與原則。

總之，高階企劃人員應該贏得各部室人員對你的尊重、感謝支援與讚許，這對董事長、總經理才有幫助。

五、切忌避免完全呼應老闆

成功的企劃主管，應注意避免完全呼應老闆或少數高級主管的一言堂，應有自己獨立的思考與見解。老闆與少數高級主管畢竟不是聖人，他們犯決策錯誤的可能性也很高，身為高階企劃主管不應事事呼應老闆或高階主管的一言堂，如果這是錯誤的一言堂，會對公司造成重大損害時，高階企劃主管應該挺身而出，以技巧性的方式與管道，向老闆及高階主管呈報這是錯誤或是有風險、有盲點的企劃決策方向，應該改變選擇，收回指示。

六、切忌匆匆提出不成熟的企劃案

企劃人員對於上級交代的大案子，不應該在極短不合理的時效內，匆匆提出不成熟的企劃案，而誤導公司決策方向。如果上級的需要時間確實太趕，則應說明原委，要求調整延長完成提報時間，切忌不敢向上級反應，而誤了大家。

七、不能道聽塗說，應要求證

不少企劃人員在蒐集資料情報時，也常隨便道聽塗說，沒有經過求證，就將這些素材納入企劃報告內，這是很危險的，因為很多決策就會因而做錯。尤其對於重要的數據，更不能道聽塗說而提供給上級錯誤的資訊情報，包括價格走向、產能利用率、市場占有率、大顧客變化、技術研發突破化、營收額、獲利額、新品上市期、投資新廠規模、產品成本結構、策略聯盟、技術授權與全球競爭者動態等，重大影響數據決策項目。

企劃人員應避免7大禁忌（續）

④ 切忌高高在上，避免其他部門的不配合與掣肘

如此心態將會遭致各部門一級主管的反彈與掣肘，不僅不願配合企劃案，而且在執行時，也故意執行不力，表示此案不通，弄得很難堪。更有甚者，則到處散播諸言，向老闆咬耳朵下毒，這就得不償失了。

⑤ 切忌完全呼應老闆及高階主管的一言堂

依筆者十多年經驗，這一點要很有勇氣的企劃人員才做得到，通常都是唯唯諾諾，逢迎拍馬的企劃主管好像多一點。因為他們都要保住自己的位置、一份還算不錯的薪水，以及不願得罪老闆或少數高階主管。這真是為「五斗米折腰」的悲哀。但通常這種公司也不可能會好到哪裡去。因為好的公司、成功的公司，是由一連串好的與成功的決策及行動累積而成的，這些公司也都不是絕對威權式的一言堂公司。

⑥ 切忌匆匆提出不成熟企劃案

①因為不成熟的案子會誤導公司決策，甚至造成公司損失。
②如果上級要求時間太短，則應說明原委，免得誤了大家。

⑦ 不能道聽塗說，應要求證

要多方求證

企劃人員必須求證，不能自己想，不能道聽塗說，才能寫出好企劃案。

①向業務部、門市部長官求證

②向下游通路商、零售商求證

③向上游供應商求證

④向消費者或會員求證

⑤向國外先進公司求證

⑥向同業競爭對手求證

Unit **5-5**
企劃失敗的原因及探索 Part I

　　企劃成功的案例雖不少，但失敗的案例也不算少，而平平凡凡的企劃案更是不計其數。因此，本主題要探索企劃案「為何失敗」？企劃案的失敗，不僅浪費人力成本，虛擲時間（注意：時間就是金錢），而且更使公司整體競爭力有向後退之虞。了解如何避免企劃失敗的原因，將是值得高階經營者及企劃人員引以為鑑的。依筆者經驗顯示，企劃失敗的原因，可以區分為四大類及十七項原因。

一、企劃失敗──人的因素

　　企劃失敗，歸咎於「人的因素」是占蠻大的比例，因為「人」是推動企劃與執行的重要成員。而人的因素，又可區分為八個細節原因：

　　(一)來自老闆一言堂決策，缺乏民主決策：部分公司的經營者是採取比較威權式的一言堂決策，缺乏民主討論決策，常以老闆的意志與決斷，就敲定企劃案的重大內容。但這種決定方式，未必事事正確，多少存有風險。尤其，在一言堂企業文化中，企劃人員只好跟著老闆的決斷去規劃及撰寫。

　　(二)企劃主管不夠強：在公司各部門中，大概要以企劃部門的主管最難做，企劃主管如果沒有很強的能力或受很大賞識與支持，則壽命經常較短，不然就是部門地位處於公司最弱。那麼可想而知，一個最弱的部門，如何能夠做好什麼企劃大案，頂多是一些小企劃案。總結來說，企劃主管不夠強，就無法帶動其他部門的配合。

　　(三)企劃人員能力不足：通常企劃案，都是主管交代下面企劃專員去協調各部門撰寫或是專員自己撰寫。但是企劃專員年紀都很輕，工作經驗與閱歷並不算豐富，加上其他部門主管有時也不是很願意跟他們交談或討論，因此碰壁之事偶爾有之。依筆者經驗，最好的企劃專員或企劃課長，至少要有五年以上的工作經驗，具有消費品或服務業兩種以上業別，年齡在三十至三十五歲之間為佳，男女性皆可，但女性撰寫能力通常又比男性好。

　　(四)創意（創新）不足，內容乏善可陳：由於企劃人員的經驗與能力不足，又缺乏第一線工作歷練，若是碰到高難度的企劃案，會因他們的創意（創新）不足，內容顯得乏善可陳，無法對症下藥。因此不難想像執行的結果，所謂佳績離他們很遠。

　　(五)市調（市場研究）不足：很多企劃案的失敗，都是由於市調或市場研究不足所致。特別是對於新商品上市案、品牌塑造案、販促案、產品定位案、廣告CF拍攝案、價格戰案、顧客服務案及新事業經營評估案等，如果沒有精細且深入的不斷做民調、市調之後，那麼就不可能真正掌握消費者的需求與心思，更遑論如何抓住消費主流或市場主流了。一個完整、有效、精確的市調，將會提供很多很好的行銷決策，包括商品設計、品牌、定價、販促、通路、推廣、廣告及服務等內涵之設計。

　　(六)外部情報，掌握不足：所謂外部情報，主要是根據同業內的競爭者情報、國外技術情報，以及新產業、新行業發展的外部情報而言。當企劃人員對外部情報掌握不足時，很可能下錯決策或根本無法下決策，只因為訊息情報的「不對稱」所致。

企劃失敗4大類及17項因素

1.人的失敗因素

- ①來自老闆一言堂決策
- ②企劃主管不夠強
- ③企劃人員能力不足
- ④創新不足，內容乏善可陳
- ⑤市調、市場研究不足
- ⑥外部情報掌握不足
- ⑦工作小組缺乏領導人物
- ⑧競爭分析不足

2.組織的失敗因素

- ①各部門協調不當，搭配不足
- ②執行過程中，權責不一

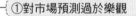

3.外部環境的失敗因素

- ①對市場預測過於樂觀
- ②外部環境突起變化
- ③推出時機不對
- ④新市場發展仍很混沌，難以預測

4.公司的失敗因素

- ①規劃時間太匆促，準備不夠周延
- ②公司預算不足
- ③公司產品競爭力不足

Unit **5-6**
企劃失敗的原因及探索 Part II

人的因素如果沒先解決，則公司提供再多資源、更大權力，都不能讓企劃成功。

一、企劃失敗——人的因素（續）

(七)**工作小組缺乏領導人物**：通常公司一個企劃大案，必然是組成一個專案工作小組或專案委員會，並且指派一名高階主管負責帶動。如果這名召集人、主任委員或專案負責人，在公司並未擁有很大權力與地位，那麼是不可能帶好這個工作小組。這也就是為什麼公司很多企劃大案，都是由董事長或總經理親自上陣督軍，才使其他部門的一級主管有效的動起來投入配合。

(八)**競爭分析不足**：很多狀況是對「敵我分析」或「競爭分析」不足，導致瞎子摸象，自己做自己的案子。問題是我們必須區別出我們與競爭對手的差異化何在？目標市場區隔何在？獨特銷售賣點（USP）何在？價格競爭力何在？品牌競爭力何在？一旦競爭分析不足或是膚淺，就不可能真正擊到競爭者的痛處，企劃執行效果就會跟著變差。

二、企劃失敗——組織的因素

企劃因組織問題而導致失敗或執行效果打折扣，其影響程度不亞於人的因素：

(一)**各部門協調不當，搭配不足**：在組織文化或企業文化官僚十足或老化十足的大企業體系中，經常會看到部門間的協調性差，本位主義現象到處可見，搭配不足還是小事，權力鬥爭傾軋則是大事與大害。

有些部門主管站在本位立場與利己立場來看待事情，只要對自己不利或無助益的案子，常見暗中反對、反彈或不予配合，或嘴巴講好但實際不動。當然，有時也是企劃部門的協調溝通能力與頻率做的不夠好與不夠多所致。

(二)**執行過程中，權責不一**：企劃案在執行過程中，務必要注意到權責合一。有責任的執行單位，要給他們權力，即使是幕僚單位。因為沒有權力，要人沒人，要錢沒錢（預算），要武器沒武器，那麼案子如何執行。所以，在企劃大小案中，不管哪個部門負責執行，都必須擁有全部權力及支援，然後給予目標責任的如期達成。

三、企劃失敗——外部環境的因素

企劃失敗或平淡無奇的原因，還存在四種外部環境的因素如下：

(一)**對市場預測過於樂觀**：有時候企劃單位為了討好老闆或知道老闆喜歡聽好看的數字，於是「報喜不報憂」，以免被老闆罵。那麼，在企劃報告內對於市場潛力規模或成長性的數據預估，或是本公司可以達成的市占率或銷售數據，經常都會誇大預估，提出樂觀的數據目標。但事實是，市場根本沒這麼樂觀。一旦執行後的一個月、一季、半年過去了，業績目標只達成原來的幾成，難看的很。到後來，大家早都心知肚明這只是矇騙老闆而已。相信，這是失敗公司的悲哀文化。

注意外部環境與市場是否成熟

1.對市場預測太樂觀了！

2.外部環境突起變化了！

企劃案失敗！

3.推出時機點不對！太早了！或太晚了！

4.新市場仍很混沌，難以摸準！太冒險了！

注意內部組織是否OK

1.各部門對新企劃案協調不當，搭配不足，各自本位主義。

2.執行過程中，權責不一，資源支援不足！

企劃案失敗！

Unit **5-7**
企劃失敗的原因及探索 Part III

　　企劃失敗的原因，大致可以區分為「公司內部」因素（包括人的因素、組織因素及公司因素），以及「公司外部」（即環境）因素。但總括來說，公司內部因素是比較可以掌握，而外部環境因素則較難掌握。因此，公司高階經營者及企劃主管共同努力改善公司內部因素，應該就能將企劃失敗的風險降到最低程度。

三、企劃失敗──外部環境的因素（續）

　　(一)對市場預測過於樂觀（續）：另外，有一種相反的情況，是企劃或執行單位，一直想要通過這個案子，以從中牟到一些好處，例如更大權力、更多獎金及人馬等，怕老闆否決本案，因此特別提報很好看的數據與未來遠景，爭取老闆同意。

　　(二)外部環境突起變化：有時人算不如天算，外部環境突然發生一些重大變化，使得要推出的企劃案，遭到不可抗拒的變化力量，無法達成原先預期目標。外部環境的突起變化，顯然是企劃人員不可控制的因子。

　　(三)推出時機不對：企劃案推出時機的掌握很重要。太早推出，市場還沒成熟，消費者使用條件還不到，很可能成為叫好不叫座，並以失敗收場。太晚推出，則市場可能被卡完位，競爭力度與進入障礙都要困難很多。

　　(四)新市場發展仍很混沌，難以預測：企劃人員有時面對的是一種新市場的發展，可是還很混沌不清，具體有多少數字，則難以預測與概估。此一難題，對年輕企劃人員當然是一種高難度挑戰，顯然是無法做好這種評估與預測。這時，唯有靠睿智的老闆，以其全方位並站在戰略角度來分析此種發展，並做下帶點風險的決策。

四、企劃失敗──公司因素

　　最後一個大類的失敗因素，則歸屬於「公司因素」如下：

　　(一)規劃時間太匆促，準備不夠周延：有時公司高階要求規劃時間非常匆促，非常趕，使得整個準備都不夠周延完善，丟三落四，顯得雜亂無章，各部門也抱怨連連。這種企劃案執行，必然會出現不少漏洞，整體效果也會大打折扣。

　　(二)公司預算不足：有些公司比較小鼻子小眼睛，對於重大企劃案，所投入的經費預算，經常七折八扣，使得推動力道不足，誘因也不足，因此效果沒有出來，白忙一場。其實，有些企劃投資不能只看眼前，也要看周邊及未來前景。例如販促案、降價案、打品牌廣告預算、新品上市行銷預算或是技術研發預算等，預算不足，是很難做出漂亮成績。

　　(三)公司產品或服務競爭力不足：最後一個公司因素，是公司產品或服務本身的競爭力不足。特別是在面對強力競爭品牌壓力下，如果公司自身產品在品質、功能、品牌、價格、服務、設計等多項基本比較條件下，都較競爭者差很多時，那麼做任何企劃案都不易有效果。反而最重要的是先強壯自身各種條件，才有競爭力到市場作戰。這是本質問題，如果不解決，做其他細微末節的事情，並不會有多大效果。

公司本身因素導致企劃失敗

1. 高階主管或老闆要求時間太趕了！準備不夠妥當！

2. 公司所給的行銷預算支援太少！子彈不足！

3. 公司自身的產品力不足！拼不過競爭品牌！

企劃案失敗！

4大類因素使企劃案失敗

1. 人因素

2. 組織因素

3. 公司因素

4. 外部環境因素

企劃案失敗！

4大類因素使企劃案成功

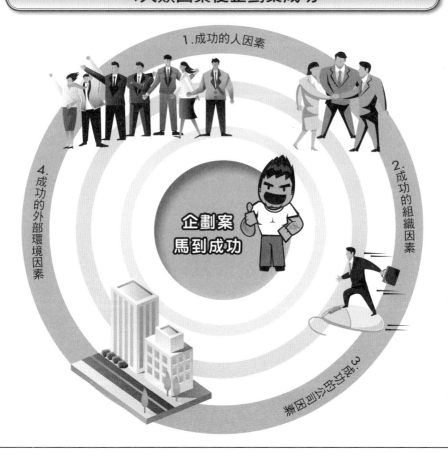

1. 成功的人因素

2. 成功的組織因素

3. 成功的公司因素

4. 成功的外部環境因素

企劃案馬到成功

第 **6** 章

市場調查與外部單位分析的藉助

章節體系架構 ▼

Unit 6-1 市場調查與應掌握原則

Unit 6-2 定量調查VS.定性調查

Unit 6-3 市場調查內容的類別 Part I

Unit 6-4 市場調查內容的類別 Part II

Unit 6-5 企劃工作較常藉助的外部單位分析

Unit **6-1**
市場調查與應掌握原則

什麼是市場調查？它與企劃工作有何關聯？其實我們從日常生活中不時遇到針對某種產品或服務的電話訪問或街上訪問，就能看出其重要性了。

問題是一定要自己進行市場調查嗎？委託專業單位行不行嗎？這兩種方式應該掌握的原則有哪些？本單元將有精簡扼要的說明。

一、「市場調查」的重要性

行銷決策的重要參考——市場調查（簡稱市調或民調），對企業非常重要。市場調查是比較偏重在行銷管理領域。但實務上除了行銷市場調查外，還有「產業調查」，產業調查自然是針對整個產業或是特定某一個行業所執行的調查研究工作。

本章所介紹的市場調查，比較偏重及運用在行銷管理與策略管理領域。那麼究竟市調的重要性何在？最簡單來說，市調就是供給公司高階經理人作為「行銷決策」參考之用。那什麼又叫「行銷決策」呢？舉凡與行銷或業務行為相關的任何重要決策，包括售價決策、通路決策、OEM大客戶決策、產品上市決策、包裝改變決策、品牌決策、售後服務決策、公益活動決策、保證決策、配送物流決策及消費者購買行為等均在此範圍內。

二、市場調查應掌握的原則

市場調查為求其數據資料之有效性及可用性，必須掌握下列原則，才能讓企劃案的撰寫有其依據：

(一)真實性（正確性）：市調從研究設計、問卷設計、執行及統計分析等，均應審慎從事，全程追蹤。另外，針對結果，也不能作假，或是報喜不報憂，矇蔽事實討好上級長官。

(二)比較性（與自己及與競爭者做比較）：市調必須做到比較性，才可以看出自己的進退狀況。因此，市調內容必須有自己與競爭者的比較，以及自己現在與過去的比較。

(三)連續性：市調應具有長期連續性，定期做、持續做，才能隨時發現問題，不斷解決問題，甚至成為創新點子的來源。

(四)一致性：如果是相同的市調主題，其問卷內容，每一次應儘量相同一致，才能與歷次做比較對照與分析。

三、市調進行模式——自己＋委外

實務上來看，一般公司對市調進行的模式有三種：一是完全由自己公司來做，二是委託外部的市調公司來做，三是混合兩種均有。一般來說，小規模的市調，會由公司自己來做，大規模市調則必須委託外界專業市調公司進行。有時委外市調，也是為尋求具有客觀性市調數據的支持證明。

調研2大類

市場調查

產業調查

市調4項原則性

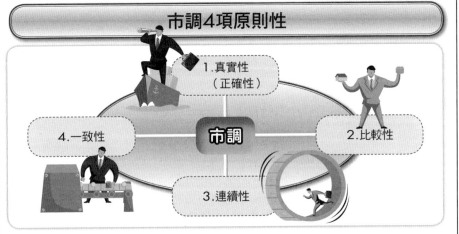

1.真實性（正確性）

市調

2.比較性

3.連續性

4.一致性

市調的執行

自己執行

委外執行

市調的重要性

市調重要性

1.提供給高階做行銷決策之用。

2.提供給使用單位研擬行銷對策之用。

Unit 6-2
定量調查VS.定性調查

市場調查最常見的兩大類方式，就是定量調查，以及定性調查。定量調查就其表面字義，即可得知是從大量樣本來取得方向及比例，但欠缺實質內涵；而聚焦探索問題真相的定性調查，剛好可彌補定量調查的不足。

基本上，定量調查大概可分成直接面談問卷調查法、留置問卷填寫法、郵寄問卷調查法、電話訪問調查法、集體問卷填寫法，以及網路調查法等六種方式進行；至於定性調查，雖然一般分成深入一對一訪問與焦點團體訪談法兩種，但在實務上，仍衍生出相關方法，以便運用。

一、定量調查方式（量化調查法）

屬於定量調查的問卷調查方法，可依不同的需求與進行方式，區分為下列方法：

(一)直接面談問卷調查法：就是調查員以個別面談的方式問問題。優點是可確認回答者是不是本人，以及其回答內容的精確度；缺點是成本花費高。

(二)留置問卷填寫法：就是調查員將問卷交給對方，過幾天訪問時再收回。優點是調查對象多的時候有效。缺點是不知道回答者是不是受訪者。

(三)郵寄問卷調查法：基本上以郵寄發送，以回郵方式回答。優點是調查對象為分散的狀況有效；缺點是回收率不佳（5%左右），缺乏代表性。

(四)電話訪問調查法（電訪法）：就是調查員以打電話的方式問問題。優點是很快就知道答案，費用便宜，可適用於全國性；缺點是局限於問題的數量與深入內涵。

(五)集體問卷填寫法：就是將調查對象集合在一起，進行問卷調查。優點是可確認回答者是不是本人，以及其回答內容的精確度；缺點是成本花費高。

(六)電腦網路調查法（網路調查法）：就是對電腦通信，網際網路上不特定人選，以公開討論等方式實施進行。優點是成本便宜，速度快；缺點是關於電腦狂熱分子之類的傾向者，其答案不可當作一般常態性，易造成特殊性回答。

二、定性調查的方式（質化調查法）

為了尋求質化的調查，就不適宜用大量樣本的電話訪問或問卷訪問，而應改採面對面的個別或團體的焦點訪談方式，才能取得消費者心中的真正想法、看法、需求與認知。而這不是在電話中可以立即回答的。定性調查方式大致有以下兩種：

(一)深入一對一訪問：就是以一對一的方式進行面談，一次大約要花上一至二小時。優點是對於個人行為的分析是相當準確的方法；缺點是對於訪問、分析都具有高度的專業知識。

(二)焦點座談法：就是對五至八名合乎調查對象條件者，以座談會的形式進行討論的面談調查法；也稱之為Why（為什麼）面談，用在探索事情的真相，約一個半至三小時。優點是可以探索到問卷調查中無法得知的心理層面；缺點是要聚集合乎條件的典型型態的對象有些困難。此法，英文簡稱為FGI（Focus Group Interview）。

市調方式2大類

定量調查法（量化調查）

定性調查法（質化調查）

量化調查的執行方式

量化調查法

（至少幾百個～幾千人樣本）

① 直接面談問卷調查法
② 留置問卷調查法
③ 郵寄問卷調查法
④ 電話訪問調查法
⑤ 集體填卷調查法
⑥ 網路調查法

定性（質化）調查法方式

質化調查法（幾十個樣本即可）

①	②	③	④
深入一對一訪談	焦點座談法（FGI）	現場（觀察）調查法	家庭（居家）調查法

知識補充站

現場&家庭調查

在實務上，質化定性調查還有下列兩個方法：

1. 現場調查法（Field Survey）：亦即指親自到便利商店、超市、量販店直營門市店、加盟門市店、百貨公司等零售據點，觀察或詢問消費者的購買行為。

2. 家庭（居家）調查法（Family Survey）：亦即指親自到消費者家裡，觀察小孩或銀髮族或一般人居家時，對某些產品的使用行為之調查。

Unit **6-3**
市場調查內容的類別 Part I

我們從行銷領域來看，市場查調的內容，大致包括市場基本研究、產品調查、競爭市場調查、消費者購買行為調查、廣告及促銷調查、顧客滿意度調查、銷售研究調查、通路研究調查，以及行銷環境變化研究調查等九大領域，可見其涵蓋範圍之廣，如要面面俱到且精準、正確，企劃人員可要多加把勁。

一、市場基本研究

包括市場規模、市場可行性調查、市場潛力、市場利益等。例如：1.國內兒童美語市場有多大規模？2.國內寬頻上網市場有多大訂戶規模？3.國內手機購物（Mobile-Shopping）有多大市場潛力？4.國內民營的油品市場規模有多大？5.智慧型手機市場潛力為何，以及6.國內平板電腦市場需求有多大等市場的基本研究問題。

二、產品調查

包括產品的品質、功能、效用、價格、通路、包裝、規格、色彩、大小尺寸、外觀設計、品名，以及新產品推出上市等。例如：1.麥當勞推出焙果及鐵板雞肉漢堡新產品之市調；2.統一7-11推出「御便當」之市調；3.中華電信ADSL降價對有線電視Cable Modem上網定價之影響市調；4.聯合利華推出「多芬品牌」對P&G洗髮精品牌市場占有率的影響；5.「大賣場」通路對本公司行銷通路之影響；6.潘婷、沙萱、采研、海倫仙度絲、飛柔等品牌命名之市調，以及7.消費者對「保養品」要求的功效與價格帶之市調等產品問題的調查。

三、競爭市場調查

包括國內外、競爭者現在及未來動態的調查研究與分析。例如：1.台塑石油上市對中油市場占有率及價格之影響市調；2.統一阪急百貨開幕營運對信義商圈百貨公司營運之影響市調；3.大陸速食麵進口到臺灣對既有國內統一、味丹、維力、金車之影響市調；4.三大固網電信公司對中華電信市場占有率之影響市調；5.大陸青島啤酒及燕京啤酒進口臺灣，對臺灣啤酒品牌市占率之影響市調；6.TOYOTA推出LEXUS新車對雙B汽車市場銷售之影響市調，以及7.有線電視頻道對無線電視經營影響等對競爭市場問題的調查。

四、消費者購買行為研究調查

包括購買的地點、時間、方式、影響因素等之市調。例如：1.消費者對超市及大賣場選擇之市調；2.賣場POP對購買者意願刺激之影響市調；3.購買TOYOTA LEXUS群體行為之市調；4.學生族群對歌手偏愛之市調，以及5.消費者對品牌忠誠度與採購行為之相關市調等。

市場調查內容9類別

1.市場基本研究

2.產品調查

3.競爭市場調查

4.消費者購買行為調查

5.廣告及促銷調查

6.顧客滿意度調查

7.銷售研究調查

8.通路研究調查

9.行銷環境變化研究調查

市場7大基本研究

市場基本研究

①	②	③	④	⑤	⑥	⑦
市場規模	市場成長潛力	市場生命週期	市場進入門檻	市場變化程度	市場利潤狀況	市場競爭性如何

Unit 6-4
市場調查內容的類別 Part II

企劃案的內容是否良好，執行力是否徹底，看看顧客滿意程度，便能一窺堂奧。

五、廣告及促銷市調

包括廣告演員選擇、廣告Slogan、促銷方案、促銷吸引度、廣告後效益測試、廣告表現方式等之市調。例如：1.采研洗髮精訴求重點之市調；2.百貨公司買二千送二百之吸引市調；3.潘婷洗髮精選用蕭亞軒之接受度市調；4.多芬洗髮精廣告CF採用一般消費者證言式呈現之廣告效益市調，以及5.臺灣啤酒廣告Slogan吸引力市調等。

六、顧客滿意度調查

顧客滿意度調查（Customer Satisfaction）也是經常看到的，包括顧客對本公司的產品、品牌、售價、通路方便性、促銷、送貨速度、售後服務、客服中心服務態度、退錢速度、網路內容、包裝方式、尺寸大小、功效品質、口味、廣告宣傳、維修服務速度，以及公司形象等滿意程度如何。例如：1.中國信託信用卡每年度均定期做卡友滿意度調查；2.麥當勞、電視購物每年度均定期做顧客滿意度調查；3.長榮航空、王品餐飲集團旗下十一個品牌餐廳在現場均可填寫顧客意見調查表，以及4.裕隆汽車對新購車者，也會寄使用後滿意度調查問卷，請車主填寫等。

七、銷售研究調查

包括淡旺季、銷售產品別、銷售客戶別、銷售時段（時間）別、銷售地區別、放長假時間，以及假日與非假日銷售等各項市調。

八、通路研究調查

包括通路的型態、通路的強弱、通路的配合、通路結構變化、通路與消費者結合的程度、通路的獎勵等市場調查。

九、行銷環境變化研究調查

包括對影響消費者與消費環境生態之各項因素，舉凡文化、人口結構、流行風、所得水準、教育程度、家庭結構、開放觀念、媒體影響、學校教育、同儕影響、娛樂場所、崇拜偶像、雙週休、生活型態與消費者觀念等。例如：1.年輕族群喜歡哪些型式、功能與色彩的手機市調；2.老年化社會對銀髮族市場之商機市調；3.年輕族群對各種媒體的接觸與需求市調；4.哈日、哈韓流行風對流行商品商機市調；5.家庭結構改變對產品包裝大小之影響市調；6.雙週休對娛樂行業之商機市調；7.崇拜偶像對出唱片歌手選擇之市調；8.教育提升對資訊情報需求之市調；9.家庭主婦對兒童小孩教育投入之市調；10.加入WTO後，對國外價廉商品大舉進入國內市場之影響市調，以及11.分眾化有線電視頻道對廣告安排之影響改變市調。

顧客滿意度的重要性

5種顧客滿意程度

很滿意	★★★
還算滿意	★★☆
不太滿意	★☆☆
很不滿意	☆☆☆
無意見	———

顧客滿意度很高

顧客再購率、
回頭率才會高

顧客滿意度調查的重要性

① 作為定期了解顧客對本公司、本店的滿意狀況。

② 作為本公司、本店的因應對策與不斷革新改進依據。

③ 作為考核本公司各部門及各店員工的績效考核參考依據之用。

王品餐飲集團貫徹調查

王品旗下11
個品牌餐廳 ➡ 每月從100
多個店裡回收
100萬張顧客
滿意調查表 ➡ 輸入電腦 ➡ 作為各品牌、
各店考核賞罰
之用

國內各大企業經常做市調

各種市調

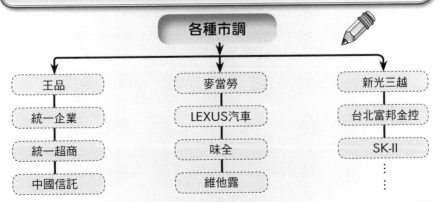

王品	麥當勞	新光三越
統一企業	LEXUS汽車	台北富邦金控
統一超商	味全	SK-II
中國信託	維他露	⋮

Unit **6-5**
企劃工作較常藉助的外部單位分析

一般來說，企劃工作有時並不是自己一個部門就可以完成所有事情的。因為一個企劃大案所涉及的層面與各種專案領域的事務，確實有極為多種面向，絕非單一企劃單位及企劃人員能力所及。畢竟，術業各有專攻。

就實務面來說，企劃工作在深及到行銷面（Marketing Side）、財務面（Financial Side）、生產／研發／資訊面，以及一般性／綜合性等四種領域來看，其所藉助的外部單位，可能不勝枚舉，可見企劃工作之專業與細微，本文特彙整說明之。

一、行銷面

企劃工作在處理屬於「行銷企劃」與「業務企劃」領域的工作時，可能會與廣告公司、公關公司、市調公司、直效行銷公司、通路商、傳播公司、展覽公司，以及代銷公司等單位有所接觸，並委託他們協助本公司所需要的推動事情，而這些都不是企劃單位所能自行處理的。

二、財務面

企劃工作在處理屬於「財務企劃」或「資金企劃」時，可能會與國外投資銀行、國內外證券公司、國內外銀行、投資顧問公司、會計師事務所、法律事務所、政府證券機構，以及鑑價公司等單位接觸，或花錢委託協助某些專案事情的進行。

三、生產／研發／資訊面

企劃工作在處理屬於「生產／研發／資訊」企劃時，可能會與國內外上游供應商、資訊廠商、研發設備供應廠商、生產設備供應商，以及品管設備供應商等單位接觸，或花錢委託協助某些專案事情的進行。

四、一般性／綜合性

企劃工作在處理一般性或綜合事情時，常需要藉助下列單位提供各種層面之協助，例如政府研究機構、政府行政部門、中國生產力中心及中華不動產鑑價中心、不動產／動產鑑價公司、學者教授、出版機構、專家／意見領袖、文教基金會／公益社團、國會立委、企管顧問公司、無形資產鑑價公司等單位，提供產業報告、經濟報告、不動產及動產資產的鑑價協助等事情的進行。

五、結論——企劃工作如虎添翼

企劃工作如果有了上述四大類數十個外部公司或外部專家之充分配合與支援後，將可使企劃工作如虎添翼，企劃案可行性大增，企劃力也可望更為強大。企劃工作絕不能自我封閉，一旦遇有困難，必然需求救於外部各種單位。兩者結合，將如魚得水，相得益彰。

企劃工作較常藉助外部單位的4領域

1.行銷面

1. 廣告公司
- 建立品牌知名度、
- 提高營收業績、
- 廣告提案、製作、
- 託播與創意

2. 公關公司
- 公益活動甚至推動
- 公關新聞稿
- 新品上市發表會
- 記者會

3. 市調公司
- FGI（焦點團體訪談）
- 街訪
- 家訪
- 電訪
- 電話民調
- 網路民調

4. 直效行銷公司
- 網路行銷
- 電話行銷
- DM行銷
- 試用品贈送行銷

5. 通路商
- 了解及搜尋通路商情報與意見

6. 傳播公司
- 公司簡介帶及簡介
- 文案製作
- 各種活動節目製作
- 企劃

7. 展覽公司
- 國內協助及國外重要展覽會之參加

8. 代銷公司
- 代為銷售公司（例如信用卡外包業務分公司、房屋代銷公司）之意見與執行

2.財務面

1. 國外投資銀行
- 提供投資事業參考

2. 國內外證券公司
- 協助發行公司債或可轉換公司債（ECB）或ADR、GDR
- 輔導國內或國外上市、上櫃
- 併購價格試算參考
- 爭取向本公司投資股權

3. 國內外銀行
- 銀行短期信用借款
- 銀行L/C借款
- 銀行長期擔保借款（聯貸）

4. 投資顧問公司
- 提供投資事業參考
- 基金投資協助
- 國內外投資參考

5. 會計師事務所
- 提供營運上法律意見
- 特定法律訴訟協助
- 財簽、稅簽協助
- 國內外上市櫃協助
- 海外投資或購併協助

6. 法律事務所
- 公平交易法協助意見
- 海外投資或購併協助
- 國內外上市櫃協助
- 智慧財產權保護法律協助

7. 政府證券機構
- OTC櫃檯及興櫃買賣中心協助
- 證期會協助

8. 鑑價公司
- 無形資產鑑價
- 不動產鑑價

3.生產／研發／資訊面

1. 國內外上游供應商
- 提供國內外供應之價格、數量、時間等

2. 資訊廠商
- 提供公司e化（ERP、SCM、CRM、i2）協助

3. 研發設備供應廠商
- 提供最新的研發設備

4. 生產設備供應商
- 提供最新生產設備
- 提供最新競爭者生產情報

5. 品管設備供應商
- 提供最近品管設備清單

4.一般性／綜合性

1. 政府研究機構
- 產業報告

2. 政府行政部門
- 經建會
- 經濟部
- 交通部
- 文化部
- 公平會

3. 中國生產力中心及中華不動產鑑價中心
- 財政部
- 不動產鑑價

4. 不動產／動產鑑價公司
- 不動產（土地、房屋）及動產之鑑價工作
- 企管顧問業務

5. 學者教授
- 提供產學合作事項之推動

6. 出版機構
- 蒐集出版相關資料作為資訊資料之用

7. 專家、意見領袖
- 了解專家及意見領袖之看法

8. 文教基金會、公益社團
- 受託合作辦理文教、社會公益活動

9. 國會立委
- 政府法規之修正協助

10. 企管顧問公司
- 協助仲介人才
- 協助作業流程及公司e化
- 協助教育訓練工作

11. 無形資產鑑價公司
- 協助商譽、商標、品牌、智財權、技術等無形資產鑑價

第 **7** 章

好的企劃案內容
應具備的架構要件

 章節體系架構 ▼

Unit 7-1　企劃案內容的架構要件與思考點

Unit 7-2　企劃人員經常發生五大問題點

Unit 7-3　如何解決企劃力五大不足 Part I

Unit 7-4　如何解決企劃力五大不足 Part II

Unit 7-5　企劃案撰寫內容五大關鍵點

Unit 7-6　「好的」企劃案應具備十三項指標

Unit **7-1**
企劃案內容的架構要件與思考點

一般來說，談到一份企劃案或企劃書撰寫，至少應先掌握好四大要件，以及其中的十項思考點。

一、企劃背景及緣起

企劃都是有背景的。例如老闆交代了什麼？董事會有什麼看法？顧客有什麼反應及需求？國外合作夥伴有什麼要求？市場起了什麼狀況？競爭對手有什麼行動？我們公司內部自己發生了什麼狀況？外部大環境發生什麼變化？政府法令政策有了什麼改變？從這些背景與緣起，對現狀與問題才能有所了解及洞見。

二、企劃目的

再來是企劃的目的或目標是什麼？這次企劃是想達成什麼目的或解決什麼問題。基本上，目標可區分為數據目標與非數據目標，包含有獲利目標、毛利率目標、市占率目標、客戶數目標、多元產品／多元事業結構比例目標、新產品數上市目標、會員數目標、展店數目標、通路結構目標、代理產品目標、來客數目標、續保率目標、收視率目標、EPS（每股盈餘）目標、ROE（股東權益報酬率）目標、ROI（投資報酬率）目標、財務結構目標（負債比率）、應收帳款週轉率目標、Cost Down（成本降低）目標、生產良率目標、客訴率目標、戰略性無形效益目標，以及其他目標等二十多項，足見企劃功能涵蓋範圍之廣且細。

三、基本戰略

企劃目標鎖定後，就要思考戰略方向、具體指導策略、競爭策略是什麼、可以贏的致勝策略等基本戰略。例如：1.鴻海：速度、成本低、品質好；2.新光三越：高級百貨公司與全國十六家分館最大規模經濟；3.統一7-11：加盟店數最多（市占率50%）及全店行銷；4.家樂福：全國325家店（市占率60%）；5.舒酸定：「敏感性」與強化「琺瑯質」牙齒；6.統一企業：品牌化經營、戰鬥品牌經營；7.宏碁：品牌（Acer）經營，不做OEM代工；8.蘋果電腦：率先推出iPod數位音樂隨身聽及iPhone智慧型手機及iPad平板電腦；9.日本TOYOTA：品質、戰鬥車種（CAMRY／LEXUS），以及10.P&G.：多品牌策略、顧客導向及品牌行銷等，多家公司成功的基本戰略，可資參考。

四、實施計畫內容

企劃案撰寫最後要說明的是這次企劃案的實施計畫內容，這部分相當重要，包含有對象（Whom）、地區（全國／北部／科學園等）、實施期間（How Long）、實施內容（How to Do）、費用預算預估（How Much）、損益分析／效益分析、時程（Schedule／When），以及執行者（Who）等八項，再針對前述實施計畫內容，挑出三項簡述之。

企劃案4大要件

1.企劃背景、緣起	對現狀與問題的了解與洞見。
2.企劃目的、目標	目的與目標是什麼？想解決什麼問題。
3.基本戰略	競爭策略是什麼？可以勝出的策略是什麼？
4.具體實施計畫內容	對象、地區、期間、內容、預算、效益、時程、執行者。

企劃10大思考點

1 6W

1. What（做什麼、目的／目標為何）
2. Who（誰來做才能成功）
3. Whom（對誰做、對誰提案）
4. When（何時做、時程如何）
5. Why（為何要如此做、為何是此方案與想法）
6. Where（在何處做）

3 2E

1. Effectiveness（效益如何）
2. Evaluate（評價、評估、考核）

2 2H

1. How to Do（如何做、如何達成）
2. How Much（要花多少錢做）

知識補充站

三項實施計畫內容說明

1.實施方法：要可執行的、要周密的、要有計畫的、要有考驗的、要合理的、要有強大組織人力團隊的、要注重細節中的結節（魔鬼都藏在細節裡）、要強調高度「執行力」的。

2.時程：要掌握進度的、要掌握重點工作項目的、要快速的。

3.預算：要有工作底稿、要合理的、要真實的、不浮誇的、要追蹤的、要反應效益的、要說清楚講明白的、要能落實達成的、要認真估計的、不是亂編的。

Unit 7-2
企劃人員經常發生五大問題點

　　在筆者二十多年的實務工作中，看到自己部門或別部門相關的企劃人員或專業人員的撰寫報告上，經常出現被老闆點出的缺失或被指責的問題點，筆者將其歸類成五大點，期能藉由指導部屬所提企劃案的方式以提升企劃報告的品質。

一、企劃人員常見的五大不足（問題點）

　　(一)「資料情報」不足：對國內外各種產業、市場及競爭對手的資料情報不知如何蒐集或蒐集不齊全。尤其日文能力、英文能力不足的部屬更是如此。

　　(二)對企劃書、報告書的「判斷力」不足：對資料情報或數據的研讀分析，沒有判斷出重要的地方，對問題點的判斷、對原因的解析、對結論與決策的建議，都顯示出判斷力的不足。

　　(三)整理下「決策」的能力不足：不知做出有效、正確、及時，以及周全的決策指示。

　　(四)報告書內容項目「完整性」能力不足：缺乏企劃書或分析報告的「完整性」。經常缺東缺西，總會遺漏一些地方。

　　(五)「抓不到」老闆想要的：也就是說，不知道老闆想看什麼樣的重點內容。

二、如何指導部屬所提企劃案

　　但是，要如何提升部屬撰寫企劃報告的能力呢？首先有三個原則要注意：一是不能只看部屬報告內容而已，而要跳脫開來；二是要問寫此報告的人，是否真的具有此行的專業知識及經驗；三是報告內容應具備十七要點如下，勿有遺漏。

報告內容應具備十七要點

① What（做什麼、什麼目標與目的）
② Why（為何如此做、是何原因）
③ Where（在何處做）
④ When（何時做、何時完成）
⑤ Who（誰去做，誰負責）
⑥ How to Do（如何做、創意為何）
⑦ How Much Money
　（要花多少錢做，預算多少）
⑧ Evaluate（評估有形及無形效益）
⑨ Alternative Plan
　（是否有替代方案及比較方案）

⑩ Risky Forecast
　（是否想到風險預測、風險多大）
⑪ Market Research
　（是否有進行市場調查、行銷研究）
⑫ Balance Viewpoint
　（是否具有平衡觀點，勿偏一方）
⑬ Competitive（是否具有贏的競爭力）
⑭ How Long（要做多長）
⑮ Logically（是否具合理性及邏輯性）
⑯ Comprehensive（是否完整性及全方位觀）
⑰ Whom（對象、目標是誰）

企劃人員經常看到的缺點

企劃人員經常看到的缺點

1. 資料情報不足
2. 內容完整性不足
3. 判斷力不足
4. 下決策能力不足
5. 抓不到老闆想看的重點

導致的原因為何？
Why？Why？Why？

企劃高手的5大內涵深度

1. 經驗多不多（Experineces）
   - ①經驗需時間累積
   - ②經驗要多間公司、多個部門的歷練
   - ③經驗需要站在與老闆同一個高度的學習
   - ④經驗需要自己用心投入在每一天的工作上

2. 「知識」扎不扎實（Knowledge）
   - ①專長、核心能力知識
   - ②一般性企劃經營與管理的知識

3. 「常識」夠不夠（Common Sense）
   - ①知道本身行業以外的更多東西
   - ②知道本身專長以外的更多東西

4. 「格局」大不大（Open Mind）
   - ①能從「全局」出發
   - ②能以「大格局」決斷事情

5. 「視野」遠不遠（Sightseeing）
   - ①能從長遠視野做評估
   - ②絕不短視近利

Unit **7-3**
如何解決企劃力五大不足 Part I

依筆者過去二十多年企業實戰工作歷練及教學研究工作，以及領導過不少MBA（企管碩士）或一般大學生部屬同仁，總結出想要升任一位優秀傑出高階主管或企劃高手，應該具備五項內涵深度。

一、經驗

經驗（Experiences）夠不夠、豐不豐富、有沒有身經百戰、有沒有戰功、有沒有人脈、有沒有成功或失敗的啟示、知不知道碰到問題要如何完整有效的迅速解決等。然而經驗是從四種層面而來：一是需要時間累積；二是需要多家公司及多個部門的歷練累積；二是需要經常與老闆在一起，跟他學習如何站在「戰略」及「全局」的觀點來看待任何事情及人事的決策；四是需要在工作過程中，真心、用心、認真、熱忱的累積自己所思考的及工作上的處理內容，以及做人做事的深厚道理與體會。以下我們以更明確的方式來定義「經驗」，並說明員工如何進步的作法。

(一)經驗是什麼：1.經驗是「知道事情如何馬上正確及有效的處理及解決」；2.經驗是「可以聞出威脅所在」；3.經驗是「可以知道如何Show Me the Money」；4.經驗是「知道如何做對的事情，而且事半而功倍」，以及5.經驗是「知道老闆要什麼東西、看什麼報告」。

(二)員工個人要進步的方向：

1. 會議學習：盡可能出席各種內部及外部會議。向老闆學習、向有能力的高級主管學習，以及向其他部門人員學習。
2. 做中學（Learning by Doing）：利用每一天上班十個小時的每一件事情與任務的處理過程及思考點，不斷學習、觀察及記住。
3. 向國外取經：多向先進大國及全球化標竿企業學習。透過實地考察、參訪及談判等，可以學到更多、更新、更好的作法、點子及賺錢的方向及事業。例如統一黑貓宅急便及東森電視購物。
4. 多「自行閱讀」更多與更新的資料、訊息及情報：包括國內及國外的專業期刊、財經報紙、商業雜誌、網站等。
5. 進修「MBA」企管碩士班學程：一方面可提高自己的學歷，二方面可以體會到學術性的嚴謹邏輯概念。

二、知識

知識（Knowledge）夠不夠、扎不扎實、有沒有核心專業、有沒有核心能力、有沒有理論基礎、有沒有豐厚學問、有沒有跟得上時代進步的各種「專業知識」或「廣泛性知識」。知識是發現問題、分析問題、解決問題及撰寫檢討報告或企劃報告的基本力量。而知識可分成兩大類：一是與自己部門分工有關的專長；二是非自己專長的知識，統稱為一般性知識。

常見企劃力5大不足點

| 1.經驗不足 | 2.知識不足 | 3.常識不足 | 4.格局不足 | 5.視野不足 |

企劃力5大不足

企劃人員不斷進步5大方向

| 1.會議學習 | 2.做中學（Learning by Doing） | 3.向國外取經 | 4.多自行閱讀 | 5.進修EMBA |

不斷追求進步！

經驗是什麼？

成功的企劃？ → 要仰賴經驗！ → 什麼叫經驗？ →

1 經驗是：知道事情如何馬上正確及有效的處理及解決。

2 經驗是：知道如何做對的事情，而且事半功倍。

3 經驗是：知道老闆要什麼東西、看什麼報告。

4 經驗是：可以看出新商機何在，以及聞出威脅所在。

知識補充站

專長知識VS.一般知識

知識有兩大類，第一類是與自己部門分工有關的專長，例如財會專長、電子研發設計專長、軟體程式設計專長、工業設計專長、銷售業務專長、採購專長、人力資源專長、製播專長、資管專長、策略專長、公關專長、行銷企劃專長、廣告創意專長、網站設計專長、總務專長、語言專長（日文／英文／西班牙文／法文／粵語等）。第二類是非自己專長的知識，統稱為一般性知識（General Knowledge），包括企業管理、經營管理、產業經濟等知識內涵。例如，一位學理工出身的中高階科技公司經理人，他就應再去唸或自我學習有關EMBA（企業管理碩士專班）的一般性企業經營管理的知識才行。

Unit **7-4**
如何解決企劃力五大不足 Part II

這兩個單元會讓我們發現，一家經營績效不佳或無法再成長的公司，必然是因為該公司老闆或高級主管或企劃人員都是一群經驗不足、知識不足、格局不大及視野不遠的經營團隊。如果放小到一個企劃人員或一般人員來看，我們可以這樣說，經驗、知識、常識、格局及視野等五大內涵深度，決定這個人、這個主管的領導成效、績效好壞、撰寫任何報告書及企劃書的好壞，以及最終下決策能力的好壞。因此，建議企劃人員一定要把這五項內涵深度放在心裡，不斷做好充電、再學習的最佳準備。

三、常識

常識（Common Sense）夠不夠、多不多、有沒有看很多資料、知不知道本身行業以外更多、更廣泛、更多元的訊息與情報。例如，知不知道別的行業在做什麼事？知不知道國際財經與股市動態？知不知道大陸的發展情形？知不知道大眾環境的變化趨勢？了不了解消費者的改變方向與需求？有沒有人文、藝術與文化創意素養？了不了解國外最先進的科技革新是什麼？知不知道人家是怎麼成功的？知不知道國際政治、反恐、軍事、外交變化對我們的影響又是什麼？了不了解最新的領導管理與創新的發展趨勢？以及有沒有經常閱讀或上網國外的財經、技術與企業專業雜誌及刊物報告等。中高階主管如果常識不足，則會出現三個不利點：一是判斷力及決策力（Decision Making）不足；二是思考格局不足；三是思考視野不足。

四、格局

108

格局（Open Mind）大不大？是不是一個用人五湖四海的人？是不是站在「戰略制高點」來看待事情的演變及發展？是不是用更「全方位」（Overall）及「全局」（Comprehensive Viewpoint）的觀點來看待事情？是否有更縝密、更周詳、更大方向與更大企圖心的思維與思考力？我們常說，一個人的「格局」大小，決定他的「事業成就」大小。一個小格局、自我劃限、只從自己觀點或自己部門觀點來從事件的處理或企劃，那麼必然不會有大成就，而只能是一個小店或一家小公司的規模。

因此，策略格局、用人格局、思維格局、投資布局格局、行銷格局、研發格局、財務格局、競爭格局、產業格局、大環境格局等都要看得大、放得大，一定要從「全局」、「戰略思維」設想事情與分析、評估及執行事情。能夠從「全局」及「大格局」布局事業，事業才會變大、變強壯，而成為市場領導品牌與產業領導地位。

五、視野

視野（Sightseeing / Foresight）遠不遠？是不是太短視？是不是只看近不看遠？是不是急功近利？是不是忍不下去？是不是有很強的洞察未來的能力與眼光？是不是會設想及分析評估到五年、十年之後的狀況演變將會如何？是不是看到別人看不到的東西了？視野高度夠不夠高？視野長度夠不夠遠？

企劃與格局

格局是什麼？

用全方位與全局觀點來看待事情		站在戰略制高點看待事情！

企劃一定要有：
戰略格局！大格局！

企劃與視野

1年內
著眼於今天、現在、今年的目標及事情達成。

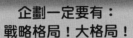

短程視野	中程視野	長程視野

3～5年

5～10年
能看到5～10年後，將會有何變化與趨勢。

企劃與常識

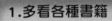
1.多看各種書籍

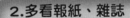
2.多看報紙、雜誌

3.多看電視節目

4.多與人交談

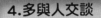
5.多聽各種演講或研習

6.多出國看看、多旅遊

7.多上網看看各種訊息

常識來自哪裡？

會有助企劃能力的精進！

Unit 7-5
企劃案撰寫內容五大關鍵點

做任何營運檢討分析報告或企劃案報告書，總結來看，要牢記五大關鍵點。

一、內部／外部大環境分析

任何報告書或企劃案撰寫的首要步驟，必須要先做好內外部環境的分析、預估、預判及說明才行。否則沒有大環境的變化分析，怎麼會有後續的執行策略及行動方案可進行呢？

二、一定要有數據比較分析

這點更是重要，因為沒有數據比較分析，哪來的戰略依據？實務上，通常針對數據予以比較分析的項目，包含有1.實績跟原訂預算比較；2.跟去年同期比較；3.跟競爭對手／同業比較，以及4.跟整體市場狀況比較等四種。

三、O-S-P-D-C-A的六步驟思維

任何計畫力的完整性，應有下列六個步驟的思維，必須牢牢記住：

O（Objective，目標／目的）：即要達成的目標是什麼，以及區分想要達到的有數據及非數據的目標有哪些。

S（Strategy，策略）：即要達成上述目標的競爭策略及贏的策略是什麼。

P（Plan，計畫）：上述目標及策略確定後，即開始研訂周全、完整、縝密、有效的細節執行方案或計畫。

D（Do，執行）：再來是展開執行力。

C（Check，考核）：為要確定執行力是否徹底展開與落實，即要查核執行的成效如何，以及分析檢討。

A（Action，再行動）：考核後，就能發現哪些已落實，哪些未徹底執行，這時為讓企劃案進行更為順暢，即要重新調整策略、計畫與人力後，再展開行動力。

另外，在O-S-P-D-C-A之外，共同的要求是注意到做好兩件事情：一是應專注發揮我們自己核心專長或核心能力；二是要做好大環境變化的威脅或商機分析及研判。

四、如何從解決問題角度看Q→W→A→R四個步驟思維

Q（Question，問題）：問題是什麼？應明確界定。

W（Reason Why，原因）：為何會發生這問題的原因探索。

A（Answer，答案）：解決此問題及此原因的有效方法、計畫、方案為何。

R（Result，結果）：執行後的結果為何，是否改善了問題。

五、回到綜合面向的思維

最後，企劃案要撰寫完整，仍要回到前文提到的6W→2H→2E的十點思維。

110

公司內外部大環境變化分析

外部環境11個變化分析

① 經濟環境
② 消費環境
③ 下游客戶環境
④ 上游供應商環境
⑤ 政策法令環境
⑥ 政治動向環境
⑦ 科技環境
⑧ 產業結構環境
⑨ 市場競爭環境
⑩ 國際政經與國際產業環境
⑪ 國內成本環境

內部環境9個變化分析

① 董事會與董事長的政策方針、基本原則及願景目標
② 公司的經營策略抉擇
③ 公司的人力資源條件
④ 公司的財會條件
⑤ 公司的組織變革
⑥ 公司的產銷變化
⑦ 公司的研發技術條件
⑧ 公司的國外策略聯盟合作環境
⑨ 公司的管理改革變化

6個步驟思維外，仍需注意2件事

| O 目標 | ➡ | S 策略 | ➡ | P 計畫 | ➡ | D 執行 | ➡ | C 考核 | ➡ | A 再行動 |

洞見

外部大環境各項因素不斷變化的意涵、威脅或商機是什麼。

抉擇／堅守

公司自身最強的核心專長、核心能力（Core Competence）之所在，然後聚焦攻入取得戰果。

解決問題的Q→W→A→R 4步驟

| Q → | W → | A → | R |

Question **問題**	**Reason Why** **原因**	**Answer** **答案**	**Result** **結果**
・問題是什麼？	・為何發生此問題，原因何在？	・有效解決的對策與方案為何？	・執行後是否得到良好結果？

Unit **7-6**
「好的」企劃案應具備十三項指標

在從事企劃工作生涯中，以及過去擔任高階主管中，或是從事教學與撰書工作中，很多人常問筆者，到底什麼樣的企劃案（企劃書）才算是一個好的、優秀的企劃案呢？筆者回想過往的一切後，得到以下結論，與大家分享。

一、什麼是好的企劃案應具備的指標

筆者根據以往經驗並仔細思考各公司老闆的需求狀況後，認為以下十三個指標，可以提供作為檢視什麼是好的企劃案參考：

(一)**有效解決當前問題**：你的企劃案，是否真能有效解決公司當前最迫切問題？

(二)**Show Me the Money**：你的企劃案，是否真能有效帶給公司短期或長期獲利？

(三)**反敗為勝**：你的企劃案，是否真能使公司反敗為勝或轉虧為盈？

(四)**保持領先地位**：你的企劃案，是否真能使公司維繫這個產業的領導地位與這個市場的品牌地位？

(五)**全面轉危為安**：你的企劃案，是否真能讓公司在任一面向，都能轉危為安？

(六)**洞見未來**：你的企劃案，是否真能洞見全局及洞見未來？

(七)**領先競爭對手**：你的企劃案，是否真能使公司超越競爭對手、提高市占率、提高收視率、提高閱讀率？

(八)**成功擴大事業版圖**：你的企劃案，是否真能使你的事業部門、你的公司、你的集團持續核心競爭力，以及不斷擴大事業版圖？

(九)**達到目標**：你的企劃案，是否真能有效達成年度預定的業績目標或預算目標，而不會有打折扣的狀況？

(十)**改善整體戰略結構**：你的企劃案，是否真能有效改善整個公司或事業部門或產品線的戰略結構性，而引起長遠的正面影響？

(十一)**高度執行性**：你的企劃案，是否具有執行的可行性、可達成性及做對的事？還是只是一份紙上報告（Paper Work），徒然浪費人力、物力及財力？

(十二)**邏輯與創意兼具**：你的企劃案，是否結構完整、邏輯嚴謹、內涵創新？

(十三)**提升價值**：最後，你的企劃案，對公司或集團的品牌、聲望等無形資產價值的累積提升，以及對公司整體總市值提升是否帶來潛在助益？

二、不容否認的價值

總結來說，筆者過去從事企劃工作十多年來，一直都以上述十三項關鍵指標，作為蒐集資料、撰寫報告、上呈老闆、會議口頭簡報、與高階長官及老闆互動答詢，以及後來指導後進部屬工作時的重要信念（Faith）及原則（Principles），並且永遠將它們放在心裡及展現在嘴巴上。筆者深信，唯有你記住及達成應用了這十三個關鍵指標，你才會被上司、長官及老闆肯定並拔擢重用，因為你的企劃工作表現，是真的對公司有價值及有貢獻的，這是誰也不能否認的。

好的企劃案應具備13指標

什麼才是「好的」企劃案？

① 案子能夠立即、有效解決公司當前問題。

② 案子能夠「Show Me the Money」，帶給公司獲利、賺錢的商機。

③ 案子能夠顯著及大幅度改善公司事業或產品戰略結構，並且影響深遠。

④ 案子具有可行性及可執行性。

⑤ 企劃案是能夠做對的事情，做出正確的事情。

⑥ 案子能夠解決公司面臨的重大危機，轉危為安。

⑦ 案子具有高度及全局的洞見思維。

⑧ 案子結構性完整、邏輯性嚴謹，以及具有創新之作。

⑨ 案子能夠維繫公司領導地位與領先地位。

⑩ 案子能夠反敗為勝。

⑪ 案子能夠超越競爭對手。

⑫ 案子能夠持續強化公司的核心競爭力。

⑬ 案子能夠累積公司的無形資產價值。

包括商譽案子能夠超越競爭對手
→ 形象案子
→ 品牌案子
→ 專利案子 ─ 能夠超越競爭對手
→ 智產權案子
→ 顧客資料庫

↕

| 1.經驗 | 2.知識 | 3.常識 | 4.格局 | 5.視野 |

企劃力5大根基！

企劃人員4大必備

① 知識　② 常識　③ 見識　④ 膽識

第 **8** 章

企劃與判斷力、思考力、顧客導向力及可行性力

章節體系架構 ▼

Unit 8-1　企劃與判斷力 Part I

Unit 8-2　企劃與判斷力 Part II

Unit 8-3　企劃與判斷力 Part III

Unit 8-4　企劃與思考力

Unit 8-5　企劃與顧客導向力

Unit 8-6　企劃與可行性力 Part I

Unit 8-7　企劃與可行性力 Part II

Unit **8-1**
企劃與判斷力 Part I

　　判斷力非常重要，比任何事都還重要。尤其身為一個企劃人員，在思考、分析、蒐集、撰寫及表達一個企劃案的內容，是否具有可行性，以及盲點、問題點、疏忽點、關鍵點、商機等一連串在哪裡的問題與如何執行，均需仰賴高超及迅速的判斷力與決斷力。

一、缺乏判斷力的後果

　　身為企劃人員或領導主管，如果缺乏精準及正確的判斷力，將會造成下列不利點：1.蒐集不出更有效的訊息情報，供撰寫企劃案之用；2.寫不出老闆想要的東西及內容；3.洞見不到潛在的新商機；4.洞見不到潛在的新威脅；5.可能會誤導老闆做出錯誤的決策；6.可能使執行力過程中，發生疏失或問題；7.可能使公司不知為何而戰；8.不可能寫出一份非常好的企劃案，以及最終9.可能使公司失去整體競爭力及領先地位。

二、如何增強決策能力與判斷能力

　　身為一個企業家、老闆、高階主管、企劃主管，甚至是企劃人員，最重要的能力是展現在他的「決策能力」或「判斷能力」。因為，這是企業經營與管理的最後一道防線。

　　然而，究竟要如何增強自己的決策能力或判斷能力？國內外領導幾萬名、幾十萬名員工的大企業領導人，他們之所以卓越成功，之所以擊敗競爭對手，取得市場領先地位，最重要的原因，是他們有很正確與很強的決策能力與判斷能力。

　　依據筆者的觀察及工作與教學經驗，歸納下列十一項有效增強自己決策能力的要點或作法，提供各位讀者參考。

　　(一)多看書、多吸取新知與資訊（包括同業與異業）：多看書、多吸取新知與資訊，是培養決策能力的第一個基本功夫。統一超商前總經理徐重仁曾要求該公司主管，不管每天如何忙，都應靜下心來，讀半個小時的書，然後想想看，如何將書上的東西，用到自己的公司、自己的工作單位。

　　依筆者的經驗與觀察，吸取新知與資訊大概可有幾種管道：1.專業財經報紙（國內外）；2.專業財經雜誌（國內外）；3.專業研究機構的出版報告（國內外）；4.專業網站；5.專業財經商業書籍（國內外）；6.國際級公司年報及企業網站；7.跟國際級公司領導人（企業家）訪談、對話；8.跟有學問的學者專家訪談、對談；9.跟公司外部獨立董事訪談、對談，以及10.跟優秀異業企業家訪談、對談等。

　　值得一提的是，吸收國內外新知與資訊時，除了同業訊息一定要看，非同業（異業）的訊息也必須一併納入。因為非同業的國際級好公司，也會有很好的想法、作法、戰略、模式、計畫、方向、願景、政策、理念、原則、企業文化及專長等值得借鏡學習與啟發。

提升判斷力16要點

如何提升判斷力？

1. 個人經驗要加速累積
2. 具有經驗的長官要好好指導
3. 個人要更加勤奮，勤能捕拙
4. 個人要累積更多專長及非專長知識
5. 個人要看更多廣泛性的常識
6. 個人要養成大格局／全局的觀念
7. 個人要具有高瞻遠矚的眼光
8. 個人要參考以前成功或失敗經驗
9. 要加強各種方式的訓練
10. 要加強各種語言（英、日語）的充實
11. 不懂的要多問
12. 要多思考、深思考、再思考
13. 要了解、體會及記住老闆的訓示
14. 要接觸更多外部的人
15. 要堅持科學化、系統化的數據分析
16. 最後，靠直覺也很重要

缺乏判斷力的不良後果

企劃人員缺乏判斷力？

不良後果！

1. 誤導老闆做出錯誤決策
2. 洞見不到新的潛在商機
3. 洞見不到新的潛在威脅
4. 寫不出老闆級要看的內容
5. 產生無效益的企劃
6. 蒐集不到有效的訊息情報

知識補充站

吸取新知小撇步

以筆者為例，長期以來，每個月都會透過下列管道吸取新知與資訊：1.報紙：《經濟日報》、《工商時報》、《聯合報》財經版；2.雜誌：《商業周刊》、《天下》、《遠見》、《今周刊》、《會計月刊》、《數位時代》、《Career》、《動腦雜誌》；3.日文雜誌：《日經商業週刊》、《鑽石商業週刊》、《東洋商業週刊》、《日本資訊戰略月刊》、《日本銷售業務月刊》；4.中文商業書籍：每週至少一本，以及5.網站：國內外專業網站、相關公司網站、證期會、上市櫃公司網站等。

Unit **8-2**
企劃與判斷力 Part II

　　試問，可曾聽過「閱讀就是國家的軟實力」？這句話也可套用在企劃人員的身上。企劃人員除了閱讀之外，也要隨時掌握機會向人學習。

二、如何增強決策能力與判斷能力（續）

　　(二)掌握公司內部會議自我學習的大好機會：大公司經常舉行各種專案會議、跨部門主管會議或跨公司高階經營會議等，這些都是非常難得的學習機會。從這裡可以學到什麼呢？

　　1.學到各個部門的專業知識及常識。包括財務、會計、稅務、營業（銷售）、生產、採購、研發設計、行銷企劃、法務、品管、商品、物流、人力資源、行政管理、資訊、稽核、公共事務、廣告宣傳、公益活動、店頭營運、經營分析、策略規劃、投資、融資等各種專業功能知識。

　　2.學到高階主管如何做報告及回答老闆詢問。

　　3.學到卓越優秀老闆如何問問題、表示及決策，以及他的思考點及分析構面。另外，老闆多年累積的經驗能量也是值得傾聽。老闆有時也會主動拋出很多想法、策略與點子，亦值得吸收學習的。

　　(三)應向世界級的卓越公司借鏡：世界級成功且卓越的公司一定有可取之處，臺灣市場規模小，不易有跨國級與世界級公司出現。因此，這些世界級（World Class）大公司的發展策略、人才培育、經營模式、競爭優勢、決策思維、企業文化、營運作法、獲利模式、組織發展、研發方向、技術專利、全球運籌、世界市場行銷、國際資金等都有精闢與可行之處，值得我們學習與模仿。借鏡學習的方式，實務上可歸納成下列幾種：

　　1.展開參訪地見習之旅，讀萬卷書，不如行萬里路，眼見為實。

　　2.透過書面資料蒐集、分析與引用。

　　3.展開雙方策略聯盟合作，包括人員、業務、技術、生產、管理、情報等多元互惠合作，必要時要付些學費。

　　(四)提升學歷水準與理論精進：現代上班族的學歷水準不斷提升，大學畢業生滿街都是，進修碩士成為晉升主管職的「基礎門檻」，進修博士亦對晉升為總經理具有「加分效果」。這當然不是說學歷高就是做事能力強或人緣好，而是說如果兩個人具有同樣能力及經驗時，老闆可能會拔擢較高學歷的人或名校畢業者擔任主管。

　　另外，如果你是四十歲的高級主管，但你三十多歲部屬的學歷都比你高時，你自己也會感受些許壓力。提升學歷水準，除了帶給自己自信心，在研究所所受的訓練、理論架構的井然有序、專業理論名詞的認識、整體的分析能力、審慎的決策思維，以及邏輯推演與客觀精神建立等，對每天涉入快速、忙碌、緊湊的營運活動與片段的日常作業中，恰好是一個相對比的訓練優勢。唯有實務結合理論，才能相得益彰，文武合一（武是實戰實務，文是學術理論精進）。這應是最好的決策本質所在。

圖解企劃案撰寫

企劃人員應掌握會議學習機會

會議學習很重要！

1. 每週主管會報
2. 每月損益檢討會議
3. 各種專業會議
4. 跨部門會議
5. 高階主管會議
6. 最高階董事會會議

企劃人員應向世界級卓越公司借鏡

向世界級公司學習！

1. 實地參訪見習與開會討論	2. 透過書面資料e-mail提供學習	3. 實際展開策略聯盟合作	4. 引進產品、引進技術、引進人才

企劃人員要文武合一最理想

最佳企劃人員	文	武
=	·學問、理論、邏輯思維的精進 ·會寫報告、會做簡報	+	·實戰歷練 ·實務經驗 ·第一線工作的體會

什麼是軟實力？

軟實力的概念誕生於國際關係領域，原來指的是某個國家依靠文化和理念方面的因素來獲得影響力的能力。軟實力由哈佛大學肯尼迪政府學院（Kennedy School of Government）前院長約瑟夫·奈（Joseph Nye）教授於1990年提出的。奈認為，美國在此之前的幾十年中利用文化和價值觀方面的軟實力，成功地獲得了很大的國際影響力，但後來愈來愈多地使用「硬實力」（尤其是軍事力量和經濟手段），影響力反倒日趨式微。

知識補充站

Unit **8-3**
企劃與判斷力 Part III

圖解企劃案撰寫

　　從企劃人員判斷力的增強方式會發現，終身學習是不論行業屬性的必要課題。

二、如何增強決策能力與判斷能力（續）

　　(五)應掌握主要競爭對手動態與主力顧客需求情報：俗謂「沒有真實情報，就難有正確決策」。因此，儘量周全與真實的情報，將是正確與及時決策的根本。要達成這樣目標，企業內部必須要有專責單位，專人負責此事，才能把情報蒐集完備。好比是政府也有國安局、調查局、軍情局、外交部等單位，分別蒐集國際、大陸及國內的相關國家安全情報，這是一樣的道理。

　　(六)累積豐厚的人脈存摺：豐厚人脈存摺對決策形成與分析評估及下決策，有顯著影響。尤其在極高層才能拍板的狀況下，唯有良好高層人脈關係，才能達成目標，這不是年輕員工所能做到的。此時，老闆就能發揮必要的功能與臨門一腳的效益。

　　(七)親臨第一線現場，腳到、眼到、手到及心到：各級主管或企劃主管，除了坐在辦公室思考、規劃、安排並指導下屬員工，也要經常親臨第一線。例如，想確知週年慶促銷活動效果，應到店面探訪，看看當初訂定的促銷計畫是否有效，以及什麼問題沒有設想到，都可以作為下次改善依據。

　　另外，親臨第一線現場，主管做決策時，也不至於被下屬矇蔽。所謂親臨第一線現場，可以包括幾個現場：1.直營店、加盟店門市；2.大賣場、超市；3.百貨公司、賣場；4.電話行銷中心或客服中心；5.生產工廠；6.物流中心；7.民調市調焦點團體座談會場；8.法人說明會；9.各種記者會；10.戶外活動，以及11.顧客所在現場等。

　　(八)善用資訊工具，提升決策效能：IT軟硬體工具飛躍進步，過去需依賴大量人力作業，又費時費錢的資訊處理，現在已得到改善。另外，由於顧客或會員人數不斷擴大，高達數十萬、上百萬筆客戶資料或交易銷售資料等，要仰賴IT工具協助分析。目前各種ERP、CRM、SCM、POS等都是提高決策分析的好工具。

　　(九)思維要站在戰略高點與前瞻視野：年輕的企劃人員，比較不會站在公司整體戰略思維高點及前瞻視野來看待與策劃事務，這是因為經驗不足、工作職位不高，以及知識不夠寬廣。這方面必須靠時間歷練，以及個人心志與內涵的成熟度，才可以提升自己從戰術位置，躍到戰略位置。

　　(十)累積經驗能量，成為直覺式判斷力或直觀能力：日本第一大便利商店7-Eleven公司董事長鈴木敏文曾說過，最頂峰的決策能力，必定變成一種直覺式的「直觀能力」，依據經驗、科學數據與個人累積的學問及智慧，就會形成一種直觀能力，具有勇氣及膽識下決策。

　　(十一)有目標、有計畫、有紀律的終身學習：人生要成功、公司要成功、個人要成功，總結而言，就是要做到「有目標、有計畫、有紀律」的終身學習。終身學習不應只是口號、片段、臨時的，也不應只是應付公司要求、零散的；而是確立願景目標，訂定合理有序的計畫，要信守承諾，以耐心及毅力進行之，這樣的學習才會成功。

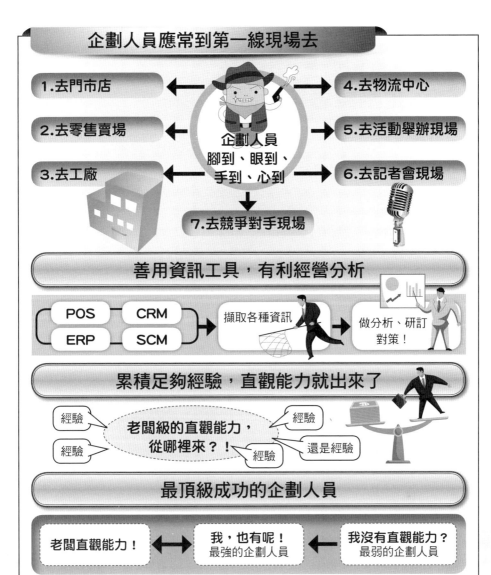

企劃人員應常到第一線現場去

1.去門市店

2.去零售賣場

3.去工廠

企劃人員
腳到、眼到、
手到、心到

4.去物流中心

5.去活動舉辦現場

6.去記者會現場

7.去競爭對手現場

善用資訊工具，有利經營分析

POS　CRM

ERP　SCM

擷取各種資訊

做分析、研訂
對策！

累積足夠經驗，直觀能力就出來了

經驗

經驗

老闆級的直觀能力，
從哪裡來？！

經驗

還是經驗

經驗

最頂級成功的企劃人員

老闆直觀能力！

我，也有呢！
最強的企劃人員

我沒有直觀能力？
最弱的企劃人員

知識
補充站

企業的軟實力

就企業和品牌而言，同樣具有軟實力和硬實力之分。企業的綜合競爭力既包括資本、技術、裝備、土地等生產要素組成的硬實力，也包括企業文化、管理模式、價值觀等體現出來的軟實力。硬實力是企業發展必不可少的物質基礎，企業只要注入大量的資金，搬用易如反掌，而要複製一個企業的文化和經營方式則極為困難，軟實力是不能用錢置換的。過去看一個企業業績僅僅看帳面、硬實力，而現在，更多的是看企業的軟實力及由此產生的凝聚力。它對企業的長期經營業績具有重大作用，是長壽企業的關鍵性因素。

Unit **8-4**
企劃與思考力

可曾想過企劃案成功的背後關鍵因素？筆者發現有兩種看不見的力量在影響著。

一、辨思力、判斷與決策力

最近筆者深深思考後，覺得一個成功企劃案的產生過程，應該會受到兩種比較高層次的關鍵無形能力的影響，筆者把它們歸納為兩種力量：

(一)無形力量是「辨思力」：亦即指「辨證」與「思考」的能力養成。當面對一個企劃案的構思、撰寫、完成及交付執行之前，到底有沒有經過多人及多個單位的共同討論、辨證、集思廣益、佐證，以及深思考。我過去多年的實務經驗告訴我，有不少的公司、部門及個人，是沒有經過辨思過程的，這就增加了失敗的風險因子。

(二)無形力量是「判斷與決策力」：亦即指你是否有能力判斷出對與錯、是與非、值得與不值得、現在或未來、方向對不對、本質是什麼、為何要如此做等相關必須讓你做下判斷的人、事、物。然後，最後是Yes or No的決策指令力。

二、心裡隨時放著「深思考」三個字

你一定要有深思考的習慣及能力，然後你才會有與眾不同的洞見及觀察，也才會看出企劃的問題點及商機點。但這必須平時即養成深思考的習慣性動作，而不是人云亦云，一點也沒有自己的主見、分析、觀點及判斷力。因此，成功的企劃案就會離你愈來愈遠。所以，你的心裡、腦海裡一定要隨時放著「深思考」三個字，請你務必思考、再思考、三思考及深思考，然後再發言、再下筆、再做結論、再做總裁旨示與指導。能這樣子，你犯錯的機會就會降到最低，而成功的機會則會提升到最高。我相信，一個企劃高手，也必然是一個會「深思考」的高手。

三、如何提升深思考能力

很多人問筆者，如何才能具有深思考的習慣及能力，茲歸納出十點與大家分享：

(一)思考能力是針對問題核心：一定要直指問題本質，追出最根本的東西。

(二)思考能力是要從廣度、深度及重度看待：廣度是指全方位、全局、多角度的思考點；深度是指看到縱深的思考點；重度是指能看得遠，找出優先性的思考點。

(三)思考能力是累積：一定要有充足的經驗、知識及常識，故要累積這三件事。

(四)思考能力是要集思廣益：即匯聚眾人智慧，而非靠一個人的思考。

(五)思考能力是不能完全人云亦云：要不斷的問Why？Why？Why？

(六)思考能力是不能完全依賴過去經驗及成功：有時要顛覆傳統及創新的想法。

(七)思考能力是To Search the Truth：一定要追索出真理及真相出來。

(八)思考能力是要建立在數據上：思考能力某種程度是建立在科學數據分析上。

(九)思考能力是直覺：有時是靈光乍現的、是直觀的、是直覺反射的。

(十)思考能力是邏輯性：思考是要建立在嚴謹的邏輯推理上。

圖解企劃案撰寫

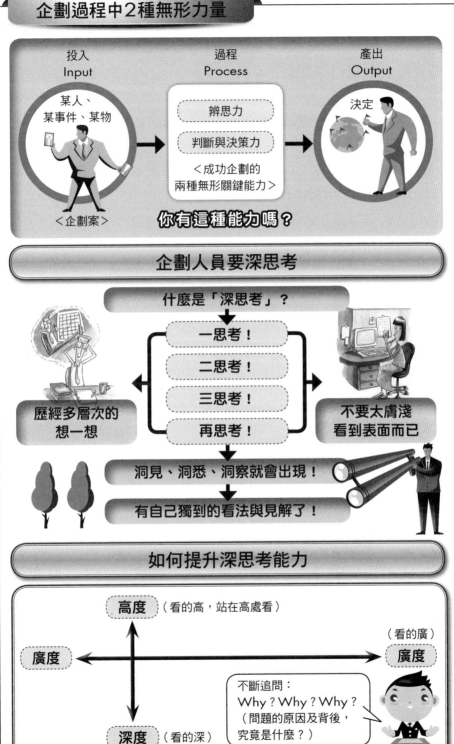

企劃過程中2種無形力量

投入 Input	過程 Process	產出 Output

某人、
某事件、某物

<企劃案>

辨思力

判斷與決策力

<成功企劃的
兩種無形關鍵能力>

決定

你有這種能力嗎？

企劃人員要深思考

什麼是「深思考」？

一思考！

二思考！

三思考！

再思考！

歷經多層次的
想一想

不要太膚淺
看到表面而已

洞見、洞悉、洞察就會出現！

有自己獨到的看法與見解了！

如何提升深思考能力

高度（看的高，站在高處看）

（看的廣）

廣度 ←——————→ **廣度**

深度（看的深）

不斷追問：
Why？Why？Why？
（問題的原因及背後，
究竟是什麼？）

Unit **8-5**
企劃與顧客導向力

任何行銷企劃或業務企劃的最核心點，均應圍繞在堅定及實踐顧客導向的根本信念及指針。不了解顧客的「需求」，不能為顧客創造「物超所值」的價值，以及一旦「離開」了顧客，那麼你將一無所有，任何企劃案都不會成功。

一、顧客導向的真正意涵

那麼顧客導向的真正意涵是什麼？簡單的說，就是必須：1.不斷滿足顧客既存需求及未來需求，包括經濟物質面的心理與心靈的雙重需求滿足；2.帶給顧客物超所值的價值感受，創造他們想要的價值；3.帶給顧客信賴的永恆保障感受，並且讓顧客偏愛與忠誠於你，然後變成你是顧客日常生活中不可或缺的一部分，以及4.帶給顧客不斷有新奇的驚喜，並從心中喊出：「哇！這真是我所想要的！」，那麼你就成功了。

二、企劃人員培養及深化「顧客導向力」要點

綜合多年經驗及研究，筆者認為任何部門企劃人員都應持續培養及深化他們內心的「顧客導向」信念及一貫思維，這能從下列幾點做起：

(一)把顧客導向的實踐放在企劃案第一頁：公司應明文規定，任何企劃案必須在第一頁闡明，即本企劃案你是否實踐了顧客導向？你如何實踐？你必須具體說明或用數據表現出來。你還必須說明顧客到底在想什麼？顧客為什麼需要你，並選擇你？

(二)讓顧客參與你的工作：公司應該讓顧客參與、企劃及設計你正在做的事情。讓顧客聲音融入我們企劃發想及創意、創新的關鍵一環。並且在參與過程中，用心的聽取顧客的聲音，並做出適當與準確的評估、分析及判斷，擷取有價值的部分。

(三)你必須親自研讀行銷書籍：我建議沒有修過行銷學課程的非商管學院畢業生，要利用一個月時間，自我研讀行銷學的大學教科書或商業行銷書籍。你必須具備這門基礎學問知識，然後你的語言及思維中，才會有顧客導向的信念及影子。

(四)把顧客當成老闆：我建議你把顧客放在上帝的位置，再把顧客當作發你薪水的老闆，老闆講話，你當然會用心聽。因此，老闆的心、顧客的心，就是你的心。

(五)把顧客導向融入企業文化及工作流程：我建議應把顧客導向，納入成為公司組織文化的一環、工作流程與機制的重要關卡，以及控管的要點。甚至在公司一進門或工廠一進廠的門口，就應該掛著醒目的顧客導向相關標語及標牌。

(六)從各種數據分析中觀察顧客導向：我建議你應該多從各種營運數據及市場數據中，去觀察顧客的需求、偏好、選擇及付出是什麼。因為數據會說話，數據代表著顧客的走向及實際正在發生的事情是什麼。

(七)在第一線現場多觀察顧客：我建議企劃人員平常應多在各種場合觀察顧客的言行舉止，多思考顧客要什麼及什麼還沒得到滿足，以及我們未來努力的空間何在。

(八)把自己當成顧客，然後問自己會怎樣做：最後，我建議企劃人員把自己當成顧客、消費者。你必須將心比心、設身處地，如果你是消費者，你將會如何？

企劃的核心本質是什麼

顧客	顧客	顧客

就是任何經營的本質！
Customer

在企業實務上，包括產品開發、包裝設計、功能設計、定價企劃、通路企劃、物流企劃、促銷企劃、業務企劃、廣告企劃、媒體企劃、新商機企劃、服務企劃等諸多企劃的第一條守則，就是「請你實踐顧客導向」。

所以，企業經營必須堅守與貫徹：顧客導向！
Customer-Orientation

企業才會經營致勝！

貫徹顧客導向8要點

如何貫徹執行顧客導向？

① 把顧客導向實踐放在企劃案第一頁
② 讓顧客參與你的工作
③ 你必須親自研讀行銷學書籍
④ 要把顧客當成老闆
⑤ 把顧客導向融入企業文化及工作流程
⑥ 從各種數據分析中，觀察顧客導向
⑦ 在第一線現場多觀察顧客
⑧ 把自己當成顧客，然後問自己會怎麼做

如果是這樣的東西、服務、價位、品質、設計、功能、品牌、地點等，你會買它嗎？

顧客導向！經營聖杯所在

「企劃力」的本質就是「顧客導向力」的本質反應，成功的企劃案必然在起心動念上是以顧客導向為起始點，並且再以貫徹顧客導向的執行力過程，作為它的終結點。因此，總結來說，「顧客導向」就是企劃案的「聖杯」所在。因為，這個聖杯，將指引你及你的各種企劃案，奔向正確的光明大道而成功不墜。

第八章 企劃與判斷力、思考力、顧客導向力及可行性力

125

Unit **8-6**
企劃與可行性力 Part I

圖解企劃案撰寫

　　雖說「謀事在人，成事在天」，但在建構一份企劃案之前，如果能有各種管道及方法來驗證其可行度，是不是就能減少企劃案失敗對公司的衝擊了。

一、不具可行性的失敗案例

　　在筆者過去多年實務經驗中，曾看到不少在重大企劃上的失敗案例，這些包括有1.新產品開發上市失敗；2.新業務延伸失敗；3.新事業投資失敗；4.新地點設店失敗；5.海外投資失敗；6.併購失敗；7.自有品牌開發失敗；8.多角化發展失敗；9.技術研發失敗；10.設廠地點失敗；11.組織變革失敗；12.廣告企劃失敗；13.管理決策失敗，以及14.其他各種企劃的失敗案例等，總結來說，就是「不具可行性」。但是他們又要硬推，終究是以失敗收場。

二、不可行性而一意孤行的原因

　　筆者歸納很多實務上的案例，說明不具可行性的企劃案，但承辦部門或承辦人員仍要提出，或是老闆也仍要做下去等背後原因，大概有以下幾點：1.公司老闆或承辦人員嚴重缺乏或忽略了「顧客導向」的精神；2.公司老闆個性上過於「專斷獨裁」及「一意孤行」；3.公司各級長官真的是「無能」，是唯唯諾諾的一群人；4.公司缺乏辨證、互動討論及公開民主討論機制（Mechanism）與組織文化；5.有些人有私心、有私利可得；6.缺乏嚴謹的市場調查或產業調查支持；7.承辦人員缺乏經驗及專業能力；8.公司治理不佳，或是根本沒有治理公司；9.所提的企劃案已經超出了自己核心競爭能力事業以外的事情，以及10.過度樂觀與自信的組織文化與習性所致，已被過去的成功沖昏了頭等。

三、重大企劃案失敗的代價

　　企劃案有大案與小案之分，小案失敗還好，而大案失敗所造成的損害可就不輕了，能不慎重嗎？各部門一定都會有一些屬於重大的企劃案，例如重大新產品開發上市案、重大轉投資案、重大設廠案、重大併購案、重大市場開發案、重大廣告宣傳案等。這些重大企劃案失敗的代價，可能會造成：1.資金損失；2.公司可能連年虧損；3.耗損人力與組織；4.市占率下滑；5.獲利率下滑；6.營收衰退；7.成本不斷上升；8.技術落後；9.公司股價下滑；10.影響組織士氣，以及11.公司整體體質受損等。

四、企劃案應透過管道驗證可行性

　　重大企劃案應盡可能驗證（Verify）或證明（Prove）它的可行性到底如何。一定要有相當的把握性，才是最負責任的企劃態度。實務上，企劃案可以透過十一個管道及方法，來驗證它的可行性如何，以減少企劃案失敗的可能。至於詳細十一個管道，礙於版面因素，我們在下一單元介紹。

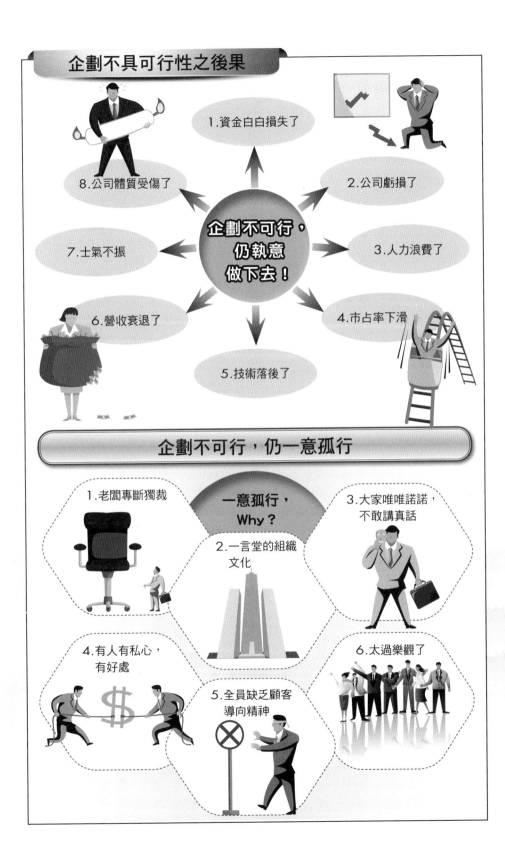

Unit **8-7**
企劃與可行性力 Part II

　　當看完這兩個單元，其實就會得到一個結論，即是「沒有可行性」的企劃案，就不要為它們花費心力。

　　筆者過去看過很多沒有經驗的各單位企劃人員或助理人員，經常提出一些一看就知道不具可行性的企劃案或分析報告，實在可笑。因為這些人的薪水不低，卻做出這些不具可行性及效益性的企劃報告，無疑是浪費公司的成本。

　　因此，筆者期盼各級主管及承辦人員，一定要提出具有高度可行性的案子，並且證明它們具有市場可行性、技術可行性及消費者需求可行性，然後才能為公司創造營收、創造獲利、創造品牌及創造市占率。

　　總之，重點在於重大企劃案的提出，必須說服大家，並且證明這個案子是具有「可行性的」（Feasible），讓大家願意支持及協助你。

四、企劃案應透過管道驗證可行性（續）

　　實務上，對於如何驗證企劃案是否具有可行性的支撐及相關作法，大概有下列幾個方式或來源：

　　(一)透過市調或民調：包括焦點團體座談會、電話訪問、填問卷、一對一面談、街訪、家庭留置問卷訪問、網路民調等各種可行的方式，以了解消費者或目標客層是否接受這個企劃案的內容、或產品、或服務、或價格等。

　　(二)透過產業調查：可以委託專業研究單位進行某種新產業、新商機，以及新商業模式等調查研究與評估分析。

　　(三)聽取第一線人員的意見：多聽取第一線銷售人員、第一線通路商、第一線經銷商、第一線零售商、第一線大客戶等行銷意見與市場可行性評估意見。

　　(四)聽取專家學者的意見：多聽取相關領域的專家及學者們的意見及看法。

　　(五)參考國外數據佐證：查詢國外先進國家及先進大企業，是否有這方面成功的案例或相關數據作為參考佐證。

　　(六)參考國外權威研究報告：蒐集國外相關權威研究機構的付費研究報告。

　　(七)國外參訪見習：親赴國外實地考察參訪，並比較與國內環境的異同點，再做評估。

　　(八)小規模試行：可考慮先小規模或小地區試行看看，然後才見機行事，且戰且走。

　　(九)多個方案比較：企劃應提出多個不同觀點的計畫案，比較他們的優缺點、優先順序性、前提條件、可行性程度、難易度、成本與效益分析等對照分析說明。

　　(十)邀聘退休有經驗顧問：邀請國外退休專家人員擔任公司技術顧問或經營顧問，以提供他們過去的寶貴經驗。

　　(十一)實驗及檢證：若涉及可以有實驗性質的，則可以在實驗多次之後，經由科學化的數據結果作為佐證依據。

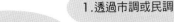

驗證重大企劃案可行性方法

```
                    1.透過市調或民調

11.實驗及檢證                        2.透過產業調查

10.邀聘退休顧問                            3.聽取第一線人員意見

                  驗證重大
9.多個方案比較      企劃案可行性      4.聽取專家學者的意見
                    方法

8.小規模試行                          5.參考國外數據佐證

      7.國外參訪見習      6.參考國外權威
                          研究報告
```

勿浪費心力

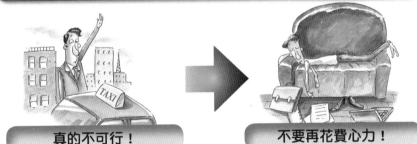

真的不可行！　　　　　不要再花費心力！

企劃人員應證明可行性

企劃人員　→　要證明企劃案的可行性！　→　才能取得公司各部門及各級長官的支持！

如果都不能說服自己，
那如何說服長官及老闆呢？

第 **9** 章

企劃與獲利力、
反省檢討力、
執行力及六到力

章節體系架構 ▼

Unit 9-1 企劃與獲利力

Unit 9-2 企劃與反省檢討力

Unit 9-3 企劃與執行力

Unit 9-4 企劃與六到力

Unit **9-1**
企劃與獲利力

　　企劃與獲利力之間有何關聯呢？筆者認為企劃最終若不能與獲利賺錢的指標相結合，那麼企劃的效益也就不存在了。

一、企劃與獲利力的正確概念

　　筆者認為企劃與獲利之間，要有以下幾點正確認知：1.在不景氣時期，能為公司獲利及賺錢的企劃案，才是好的企劃案，也才是老闆喜歡的企劃案；2.企劃案若不能直接獲利賺錢，至少也要具有「間接性」協助獲利的效益存在；3.企劃案固然要寫的好、寫的完整縝密、具有創新性，但如未能為公司獲利賺錢，寫再好也是枉然，以及4.企劃案不只是寫滿文字、作法或創意，而是要提出數據目標並驗證獲利可行性。

二、可以創造獲利力的企劃案

　　從企業實務面來看，企劃可以從節流或開源兩個角度思考規劃企劃的獲利績效：

　　(一)節流企劃案（**Cost Down Plan**）：包含有1.零組件、原物料採購成本降低企劃案；2.人力與組織精簡降低成本企劃案；3.製造流程成本降低企劃案；4.產品設計成本降低企劃案；5.廣告支出降低成本企劃案；6.一般管理成本降低企劃案；7.工廠合併降低成本企劃案；8.組織整併降低成本企劃案；9.移廠海外降低成本企劃案，以及10.自動化設備降低成本企劃案等。

　　(二)開源企劃案（**Increase Revenue Plan**）：包含有1.促銷活動企劃案；2.新通路開發企劃案；3.新產品開發上市企劃案；4.廣告活動企劃案；5.新業務拓展企劃案；6.新客戶開發企劃案；7.定價策略企劃案；8.業務組織強化企劃案；9.賣場／店頭行銷企劃案；10.國內外參展活動企劃案；11.特別銷售活動企劃案；12.提箱秀展活動企劃案（名牌精品），以及13.直效行銷活動企劃案等。

三、獲利企劃案的原則

　　綜合筆者及其他成功朋友們的經驗，企劃人員要打造出具有獲利企劃案的終極目標，應該掌握四項原則：

　　(一)「如何獲利」放在第一個思考上：企劃人員必須把「如何才能獲利」這六個字，始終放在企劃工作的第一個思考點及第一準則上。一定要念茲在茲，如影隨形，不離不棄，並成為工作信仰與指導方針。

　　(二)驗證企劃案的可行性：企劃人員要多方面驗證企劃案的可行性，以及數據目標達成率如何。不能太過自信、樂觀及浮誇。要實事求是，並且精準預測。

　　(三)努力尋求新藍海、新契機：企劃人員應該努力突破、尋求創新、尋找新藍海、發掘新商機、做不一樣的事情、做出有特色的事情，然後才有可能達到獲利性。

　　(四)回到顧客導向的根本問題：企劃人員最後還是要回到顧客導向的根本。如何為顧客創造更多滿足需求及物質與心理的價值，這是永遠要努力的空間所在。

企劃與獲利力

| 企劃案 | 最終目標 | 仍要以獲利為依歸！ |

獲利企劃案2大方向

獲利企劃案

1.開源企劃案 　　 2.節流企劃案

獲利企劃案4原則

獲利企劃案4原則

① 把「如何獲利」放在第一個思考上

② 必須通過驗證企劃案可行性

③ 努力尋求新藍海、新契機

④ 回到「顧客導向」根本問題上

知識補充站

如何「獲利更多」是企劃力終極目的

任何公司最終經營績效，就是看營收及獲利是否達成目標，是否不斷保持成長與領先。因此，各部門企劃人員依據此種根本目的，亦應配合如何更加用心思考、分析、評估、討論、規劃及實踐可以獲利更多，或可以效益更大的各種大型企劃案的推動。當企業獲利不斷成長及增多，就代表著這一家公司的企劃團隊力量必然也是非常優秀卓越的。因此，我們應拒絕沒有任何獲利或效益可言的企劃案的提出，因為那無疑是一種資源與成本的浪費。

Unit 9-2
企劃與反省檢討力

在筆者過去工作經驗中，筆者深覺自己都是在深刻的反省中，才能得到深刻的不斷進步。因此，體會到「唯有反省，才會有進步」這句話的真正意涵；反之，沒有反省能力的人，則絕對會一錯再錯，企劃工作也是如此。

一、反省與檢討的正確概念

企劃力的提升，筆者認為必須具有以下幾點對企劃案反省與檢討的正確概念後，才能真正發揮效用：

(一)「流動式」企劃概念：企劃案不是一案而終，一定要有「流動式」企劃案的概念。要隨著企劃案的執行狀況，以及內外部環境的變化而變化調整因應。

(二)「結案檢討」報告：企劃案一定要有「結案檢討」報告。從檢討中，吸取成功或失敗的原因，以及未來精進改善之道。失敗的勿再重犯，成功的更應發揚光大。

(三)在反省中，累積更多「企劃Know-How」：企劃力是在不斷自我反省思考中，並且累積更豐富、更快速的企劃Know-How。

(四)容許創新風格：應該容許適當的創新失敗，因為很多創新企劃是不太容易評估他們的可行性，唯有試過之後，才知道結果是什麼。因此，新企劃案一定會有風險的，只要這個風險是可以忍耐及控制的，就沒有問題。

二、反省檢討的內涵

那麼，身為一個企劃人，究竟應反省什麼？檢討什麼呢？筆者歸納以下比較重要的幾點：

(一)反省檢討「績效」為何沒達成：應反省檢討企劃案為何沒有達成原先預訂的績效目標？問題究竟出在哪裡？為何會出現這些問題？Why？

(二)反省檢討「執行力」為何出問題：應反省檢討企劃案在執行過程中，發生了什麼問題？為什麼會發生這些問題？Why？

(三)反省檢討「預算」為何超支：應反省檢討企劃案的預算為何超支？Why？

(四)反省檢討「規劃當時」為何疏失：應反省檢討企劃案在設想時，疏忽些什麼？為何會有這疏忽？Why？

(五)反省檢討為何忽略「外部環境變化」：應反省檢討企劃案的外部環境及消費者環境發生哪些變化？而企劃案為何沒有發現這些變化？Why？

(六)反省檢討「競爭對手」是否做得比我們好：應反省檢討企劃案與競爭對手互做比較的話，我們的投入成本及效益是否優於對手？或劣於對手？Why？

(七)反省檢討「人與組織」的本質問題：應反省檢討我們人與組織素質及戰力的所在問題。

(八)反省檢討「企劃決策過程」的問題：應反省檢討我們對企劃案的決策過程發生了什麼問題。

企劃與反省檢討力

反省檢討前的停・看・聽
對企劃案應有的基本認知

1.應有「流動式」企劃概念	2.應有「結案檢討」報告	3.在反省中，累積更多「企劃 Know-How」	4.容許創新風格

檢討反省什麼呢？

1.檢討「績效」為何沒達成？

8.檢討「企劃決策過程」發生什麼問題？

2.檢討「執行力」為何出了問題？

7.檢討「人與組織」的本質問題？

企劃案檢討反省

3.檢討「預算」為何超支？

6.檢討「競爭對手」是否做得比我們好？

4.檢討「規劃當時」為何會有疏失點？

5.檢討為何忽略外部環境變化？

企劃案出問題的4問題點

企劃案的反省與檢討

① 人與組織問題

② 執行力問題

③ 外部環境變化問題

④ 競爭對手問題

⑤ 規劃當時出問題

Unit **9-3**
企劃與執行力

　　執行力非常重要。有好的企劃案，未必一定會成功，因可能在執行力過程中出現問題。包括執行的人不對、執行過程未按照計畫進行、發生突發狀況、執行力的品質打了折扣、執行的人經驗不足，以及首次執行此類案子而缺乏經驗等。

一、執行力經常出現的問題及原因

　　執行力打折扣，就等於工作成果打折扣，工作任務績效目標就未能順利達成。因此，我們要抓到底執行力出現哪些問題？這些問題又該如何解決？執行力經常出現的問題及其原因，大致有以下幾點：1.原訂計畫內容本身就有問題，使執行不易發揮效果；2.執行的人沒有按照原訂計畫執行，寫的是一套，做的又是另外一套；3.執行的人有照計畫進行，但負責做的人卻不夠落實；4.對執行全程缺乏上級監督，致使底下執行的人馬虎；5.各部門的合作團隊默契不足，無法發揮團體力量；6.派出的執行團隊不夠強、不夠好、經驗不足；7.賞罰機制未建立，誘因不足，警惕不足；8.事前缺乏沙盤推演及演練作業；9.委外單位找的不夠好、素質不夠；10.在執行力過程中，沒有查核點（Check Point），致使無法及時發現問題馬上解決；11.派出的執行小組領導主管的能力及經驗不足，以及12.面對突發狀況，應變力不足。

二、執行力不足的兩大問題

　　從上述執行力的問題及原因，我們可以歸納整理成兩大類最根本的原因及核心：

　　(一)人的問題：包括人的素質、人的經驗度、人的工作能力、人的用心度、人的投入度、人的團隊度等。而這些人，又包括領導主管及基層執行員工的人的問題。

　　(二)機制的問題：包括嚴謹的制度、流程、規章、操作手冊、辦法、IT系統、對策應變等。

　　所以，公司要提升企劃的執行力，或是企劃主管要提升企劃的執行，必須關注及安排好「人」及「機制」兩大問題。一旦人不行或機制不行，兩者缺一都會傷害到執行力的要求，因此，公司一定要努力做好「人」及「機制」兩個核心重點。

三、解決執行力問題的注意要點

　　公司應如何有效的解決執行力問題，前述的「人」及「機制」問題，是比較根本的，但也比較複雜及困難度較高，而且也非一時可以解決的，一個公司「人」的問題，總不能說全部都把人員換掉或開除，就有一批更好的人進來。企業界的人與組織問題是比較耗時處理的，在有些特殊行業人才，更是具有封閉性、不足性及困難性的。因此，我們從另一個角度來看，即從計畫階段→正式執行階段→執行中階段→執行後階段等四個階段，來看看應該注意哪些執行力上的問題及事項，從這裡來做預防及強化，以期執行力的成效能夠得到提升，並且也希望這四個階段的規範注意要點，能成為執行力「機制」的重要內涵。

企劃執行力出問題

① 執行的人不對！

② 未按照計畫執行！

③ 發生突發狀況！

④ 執行力品質打折扣！

⑤ 執行的人缺乏經驗！

執行力不足2大本質問題

執行力不足！ ➡ Why? ➡ 1.「人」的問題

2.「機制」的問題

執行力應注意的4階段

從4階段看執行力的問題及因應

1.在計畫階段

① 計畫案內容，一定要思考完整。

② 計畫案要充分跨部門、跨公司討論。

③ 要參考之前成功或失敗的經驗，記取教訓。

④ 要注意打算派出執行計畫的指定領導者及團隊行不行。

⑤ 先訂下賞罰分明的制度。

2.正式執行階段

① 要做沙盤演練、彩排，然後從中發現缺點。

② 事前，必定赴現場觀察、了解及掌握。

③ 最高長官要重視、要召集精神講話、指示及叮嚀。

3.執行中

① 公司派出上級監督成員，做現場監督。

② 被指派的計畫執行長，必定親赴現場指揮。

③ 要求隨時回報執行狀況（透過Mail、電話或面對面開會）。

④ 要求按標準作業程序（S.O.P）執行，有紀律的執行。

⑤ 面對突發狀況，授權機動應變。

⑥ 對委外單位更要派人監督。

4.執行之後

① 撰寫檢討報告，並開會檢討。

② 要展開賞罰措施。

③ 列為員工教育訓練教材內容。

④ 有必要修正相關公司的規劃及制度。

Unit 9-4
企劃與六到力

身為一個企劃人員，不管是在蒐集資料過程、撰寫過程、分析評估過程，或是規劃過程、檢討過程、以及執行過程等，企劃人員都必須用心做到及做好「六個到」。

一、什麼是「六個到」？

上述所指六個到，即是「耳朵要親耳聽到、眼睛要親眼看到、手要親手摸到、口要親口問到、腳要到現場，以及心要親身去體會、感受到與思考到。」

(一)耳到：耳朵要多聽。要聽到內部基層員工、顧客、供應商、學者專家、政府執行部門、會計師及律師等對本公司的建言。因此，要耳聽八方，然後自己再判斷。如果沒有聽到，就沒有訊息情報來源了。

(二)腳到：解決問題的人要腳到，親自到發生問題的現場，包括可能是研發設計、生產工廠、品管、倉儲物流、銷售、客戶、供應商、客服Call Center現場等。

(三)眼到：要親眼看到。光聽到還不夠，要親眼看到及觀察到才可以。所謂眼見為憑，即為此意。因為，自己看到才能體會，才會有所判斷依據。否則只聽別人轉述，易被誤導或斷章取義。

(四)手到：要實際用手摸到。實做的現場或據點，必須用手去觸摸、操作、實驗、服務等，才會有真感受。

(五)口到：要親口發問，問出問題的本質與解決方向。因為，不發問只靠聽別人講、只靠眼睛去觀察，仍是不夠的。很多事情的背景及來龍去脈，不是外表呈現的那樣，是有更深層的原因所造成。因此，要親口發問，而且要懂得問，問出答案來。

(六)心到：要用心去感受體會，所謂「心同感受」即為此意。唯有將心比心與認真用心的去思考問題，才會得到比較好的解決對策。

二、企劃如何才能切中要點？

企劃要切中要點，筆者認為要具有下列兩個核心本質，才能提升企劃力：

(一)一定要以「顧客」為核心點：大家應該知道，一旦離開了顧客，抓不住顧客的心，滿足不了他們的需求，那就什麼都不是了。

(二)一定要以「現場」為核心點：大家應該知道，不以現場的實況為基準點，那企劃有什麼用呢？這些現場可能包括了：1.工廠現場（生產線、倉庫、品管）；2.物流現場；3.銷售現場（大賣場、超市、便利商店、百貨公司、經銷店、加盟店、直營店）；4.活動現場（公關活動、行銷活動）；5.服務現場（服務中心、Call Center、服務專櫃等）；6.研發與試驗現場；7.客戶現場（國內客戶／國外客戶）；8.供應商現場（原料／物料／零組件）；9.合作夥伴現場；10.併購對象現場；11.國外先進國家的市場現場；12.市調、民調的現場，以及13.其他重要的相關現場地方等。

總括來說，企劃應走出辦公室，與第一線現場相結合，才能切中要點，並因而提升企劃的可行度。

企劃與6到力

1.腳到 （親自到）	**4.手到** （親自摸到）
2.耳到 （親自聽到）	**5.口到** （親自問到）
3.眼到 （親自看到）	**6.心到** （親自體會到）

企劃力有效！

企劃與現場力

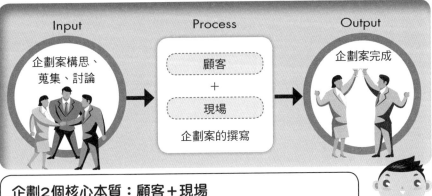

Input　　　　　　Process　　　　　　Output

企劃案構思、　　　　　　　　　　　企劃案完成
蒐集、討論

顧客
＋
現場

企劃案的撰寫

企劃2個核心本質：顧客＋現場

Input：包括企劃的構思、資料蒐集、訪談蒐集及討論。

Process：主要是企劃案的撰寫，而此時企劃的兩個核心本質，即在於掌握住「顧客」及「現場」兩件事情。

Output：即是企劃案經過大家達成共識後的修正。

堅持從「現場」出發的企劃力

企劃案一定要以問題發生或問題解決的「現場」，為企劃的出發起始點及核心思考點之所在。一切從「現場」出發，貫徹耳到、腳到、眼到、手到、口到及心到等六到的要求標準及規範，然後才會有真正務實、有效、優秀的企劃案出來，以及強大企劃力的提升。總之，請企劃人員務必堅持從「現場」出發的企劃力！

第 **10** 章

各類型企劃案撰寫的架構及內容

章節體系架構 ▼

Unit 10-1 ＜案例1＞公司年度「經營企劃書」內容與思維

Unit 10-2 ＜案例2＞「營運業績檢討報告案」內容與思維

Unit 10-3 ＜案例3＞年度「品牌行銷事業部門」營運檢討報告書架構

Unit 10-4 ＜案例4＞活動（事件）行銷企劃案撰寫架構

Unit 10-5 ＜案例5＞創業直營連鎖店經營企劃案架構

Unit 10-6 ＜案例6＞向銀行申請中長期貸款之「營運計畫書」大綱

Unit 10-7 ＜案例7＞上市公司「年度報告書」內容大綱

Unit **10-1**
＜案例1＞公司年度「經營企劃書」內容與思維

說明：

　　一、面對歲末以及新的一年來臨之際，國內外比較具規模及比較具制度化的優良公司，通常都要撰寫未來三年的「中長期經營計畫書」或未來一年的「今年度經營計畫書」，作為未來經營方針、經營目標、經營計畫、經營執行及經營考核的全方位參考依據。古人所謂「運籌帷幄，決勝千里之外」即是此意。

　　二、若有完整周詳的事前「經營計畫書」，再加上強大的「執行力」，以及執行過程中的必要「機動、彈性調整」對策，必然可以保證獲得最佳的經營績效成果。另外，一份完整、明確、有效、可行的「經營計畫書」亦正代表著該公司或該事業部門知道「為何而戰」，並且「力求勝戰」。

　　三、下列計畫書所示內容，係提供給本集團各公司或各事業總部作為撰寫即將到來的新的年度：〇〇年經營計畫書的參考版本。由於各公司及各事業總部的營運行業及特性均有所不同，故撰寫架構及項目內容，僅提供為參考之用，各單位可視狀況酌予增刪或調整使用。相信未來本集團各公司及各事業總部必能升級邁向「制度化」營運目標。

「今年度〇〇事業部門／〇〇公司經營計畫書」

一、去年度經營績效回顧與總檢討

　　(一)損益表經營績效總檢討（含營收、成本、毛利、費用及損益等實際績效與預算相比較，以及與去年同期相比較）

　　(二)各項業務執行績效總檢討

　　(三)組織與人力績效總檢討

　　(四)總結

二、今年度「經營大環境」深度分析與趨勢預判

　　(一)產業與市場環境分析及趨勢預測

　　(二)競爭者環境分析及趨勢預測

　　(三)外部綜合環境因素分析及趨勢預測

　　(四)消費者／客戶環境因素分析及趨勢預測

三、今年度本事業部／本公司「經營績效目標」訂定

　　(一)損益表預估（各月別）及工作底稿說明

　　(二)其他經營績效目標可能包括：加盟店數、直營店數、會員人數、單價、來客數、市占率、品牌知名度、顧客滿意度、收視率目標、新商品數……等各項數據目標

及非數據目標。

四、今年度本事業部／本公司「經營方針」訂定

可能包括了：降低成本、組織改造、提高收視率、提升市占率、提升品牌知名度、追求獲利經營、策略聯盟、布局全球、拓展周邊新事業、建立通路、開發新收入來源、併購成長、深耕核心本業、建置顧客資料庫、擴大電話行銷平台、強化集團資源整合運用、擴大營收、虛實通路並進、高品質經營政策、加速展店、全速推動中堅幹部培訓、提升組織戰力、公益經營、落實顧客導向、邁向新年度新願景……等各項不同的經營方針。

五、今年度本事業部／本公司贏的「競爭策略」與「成長策略」訂定

可能包括了：差異化策略、低成本策略、利基市場策略、行銷4P策略（即：產品策略、通路策略、推廣策略及訂價策略）、併購策略、策略聯盟策略、平台化策略、垂直整合策略、水平整合策略、新市場拓展策略、國際化策略、品牌策略、集團資源整合策略、事業分割策略、掛牌上市策略、組織與人力革新策略、轉型策略、專注核心事業策略、市場區隔策略、管理革新策略，以及各種業務創新策略等。

六、今年度本事業部／本公司「具體營運計畫」訂定

可能包括了：業務銷售計畫、商品開發計畫、委外生產／採購計畫、行銷企劃、電話行銷計畫、物流計畫、資訊化計畫、售後服務計畫、會員經營計畫、組織與人力計畫、培訓計畫、關係企業資源整合計畫、品管計畫、節目計畫、公關計畫、海外事業計畫、管理制度計畫，以及其他各項未列出的必要項目計畫。

七、提請集團「各關係企業」與集團「總管理處」支援協助事項

八、結語與恭請裁示

附圖：「年度經營計畫書」的邏輯架構八大項目圖示

(1)去年度經營績效與總檢討

↓

(2)今年度「經營大環境」分析與趨勢預判

↓

(3)今年度本事業部／本公司「經營績效目標」訂定

↓

(4)今年度本事業部／本公司「經營方針」訂定

↓

(5)今年度本事業部／本公司 的「競爭策略」與「成長策略」訂定

↓

(6)今年度本事業部／本公司「具體營運計畫」訂定

↓

(7)提請集團「各關係企業」與集團「總管理處」支援協助事項

↓

(8)結語與恭請表示

Unit 10-2

＜案例2＞「營運業績檢討報告案」內容與思維

一、截至目前的業績狀況

(一)檢討期間：

可能每週、每雙週、每月、每季、每半年或每年一次等狀況。

(二)檢討數據分析：

應有五種角度去分析比較：

1.實績與預算數／或目標數相比較。其結果如何？是成長或衰退？其金額及百分比又是如何？

2.實績與去年同期相比較。

3.實績與同業／或競爭對手相比較。

4.實績市場總體相比較。

5.實績與歷年狀況相比較。

(三)檢討單位別分析：

1.依各「事業群」檢討業績

2.依各「產品線」（或產品群）檢討業績

3.依各「品牌」別檢討業績

4.依各「館」別／各「店」別檢討業績

5.依各零售、經銷「通路」別檢討業績

6.依各業務單位別檢討業績

二、檢討業績達成或未達成的原因分析

(一)國內環境原因分析／國內環境變化所造成因素

1.政治因素

2.經濟景氣因素

3.法令因素

4.科技／技術因素

5.市場結構因素

6.產業結構因素

7.環保因素

8.金融與財金因素

9.社會因素

10.家庭與人口因素

11.其他可能因素

(二)競爭對手因素分析／競爭對手變化所造成因素

可能包括：低價因素、廣告大量投入、新產品推出、新品牌引入、大型促銷活動、巨星級代言人策略、急速擴點策略、擴大產能、殺價競爭、差異化特色、策略聯盟、地點獨特性、頂級裝潢……等各種經營手段與行銷手段施展。

(三)國際／國外環境原因分析／國外環境變化所造成因素

可能包括：國際政治、國際經貿、國際法令、國際競爭者、國際科技、國際產業／市場結構、國際石油、國際運輸、國際金融、國際文化、國際媒體……等各種變化因素所致。

(四)國內消費者、顧客、客戶因素分析／國內消費者變化所造成因素

可能包括：消費者的需求、偏好、可選擇性價值觀、生活方式、消費觀、消費能力與所得、消費地點、消費時間、消費通路、消費等級、消費流行性、消費分眾化、消費年齡、消費資訊……等產生的各種變化，而影響本公司業績。

(五)本公司內部自身環境原因分析／本身的條件變化所造成因素

可能包括：組織文化／企業文化、人才素質、老闆的抉擇、行銷4P因素、目標市場選擇、市場定位、品牌定位、生產、採購、研發、技術、品管、資訊化、成本結構、策略規劃、財務會計、售後服務、物流運籌、包裝設計、企業形象、公司政策、全球布局、規模化、組織設計、管理制度……等各種導致本公司業績好或不好的影響因素。

三、應挑出業績未來最關鍵與最迫切所需解決的問題點所在

(一)「短期」內應解決的問題點，以及「長期」才可以獲得解決的問題點之區別。

(二)從企業上述各種「營運功能面」來理出各種關鍵核心的問題點出來。

(三)亦可從「損益表」結構面，去理出各種關鍵核心的問題點出來。例如：營業額衰退的所在點、營業成本偏高的所在點、營業毛利偏低的所在點、營業費用偏高的所在點、稅前淨利低的所在點、以及EPS低的所在點……等均可看出問題端倪。

(四)可利用魚骨圖或樹狀圖加以理出問題點或公司弱勢點。

(五)從整個「產業結構／市場結構」的價值鏈與競爭變化，理出關鍵的問題點，以及解決對策。

(六)問題發生及問題解決的最終因素，大部分還是回歸到人才、人才團隊、經營團隊、組織能力等人的本質根本問題。這是最根本也是最棘手，但也是一勞永逸的方式。

四、集思廣益研訂出問題解決及業績達成的各種因應對策、策略及具體方案、計畫

(一)從站在大戰略、大布局、大競爭的戰略性制高點，來看待對問題解決或業績提升的「贏的競爭策略」是什麼？「政策方針」是什麼？「布局」是什麼的定調為優先。

　　(二)思考在這個產業、這個行業、這個大市場、這個分眾市場裡的K.S.F（關鍵成功因素，Key Success Factor）是什麼？我們是否已擁有？為什麼沒有擁有？是否可以擁有？

　　(三)研訂出具體的細節因應對策方案及計畫出來。這些具體計畫，應包括6W/3H/1E的十項思考原則在裡面。

6W/3H/1E的十項思考原則

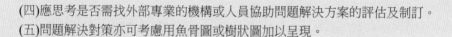

> What（達成什麼目標、目的）
> Who（派出有能力的單位及人員去做）
> When（何時應該去做）
> Where（在哪些地點做）
> Whem（對哪些對象而做）
> Why（為何要如此做？可行性如何）
> How to do（該如何做？作法有何創新）
> How much（花多少預算去做）
> How long（需要多久的時間去做）
> Effectiveness或Evaluate（成本與效益分析，績效／成果追蹤考核、損益表預估等）

　　(四)應思考是否需找外部專業的機構或人員協助問題解決方案的評估及制訂。
　　(五)問題解決對策亦可考慮用魚骨圖或樹狀圖加以呈現。

五、考慮及評估「執行力」或「組織能力」的最終關注點

　　(一)很多的好計畫、好策略、好點子，最後並不一定產生出好的成果出來。這主要是因為自己公司組織人員的「執行力」或「組織能力」（Organizational Capabilities）出了問題。

　　(二)對於某些重大營運計畫或日常營運過程中，均必須關注到或建立一種強大「執行力」的員工紀律與企業文化才可以。例如：郭台銘董事長的鴻海集團就是以「強大執行力」而出名的。

　　(三)對於執行力的過程，可以區分為：執行前→執行中→執行後三個階段。每個階段都應該有應注意的事情，包括人力、制度、辦法、規章、要求、監督、賞罰、組織、支援、目標、回報、調整、訓練、改善、成果等各種內涵在裡面，才會產出強大的執行力成果出來。

六、彙整圖示架構

(一)檢討截至目前的業績狀況如何
- (1)檢討的期間
- (2)檢討的數據分析
- (3)檢討單位分析

(二)檢討對業績達成或未達成原因分析
- (1)國內環境原因分析
- (2)競爭對手原因分析
- (3)國際環境原因分析
- (4)國內消費者／客戶原因分析
- (5)本公司內部自身環境原因分析

(三)應挑出業績未來達成的最關鍵及最迫切所需解決的問題所在
- (1)從短期及長期面向看
- (2)從各種產、銷、人、發(研發)、財、資等面向看
- (3)從損益表結構面向看
- (4)從產業／市場結構面向看
- (5)從人與組織能力本質面向看

(四)集思廣益研訂出問題解決及業績達成的各種因應對策、策略及具體方案出來
- (1)應該站在大戰略、大格局、大競爭的戰略性制高點來看待
- (2)應思考贏的「競爭策略」是什麼及贏的「布局」是什麼
- (3)應思考在這個產業及市場競爭中的K.S.P是什麼
- (4)訂出具體的計畫。此時要思考到6W/3H/1E的十項原則
- (5)應思考是否需要有外部專業機構或人力的協助

(五)要考慮及評估「執行力」或「組織能力」的最終關鍵點
- (1)建立強大執行力的企業文化
- (2)執行力的管理,要區分執行前、中、後三階段管理
- (3)要組建一支高素質與強大執行力的組織團隊之能力

Unit **10-3**

＜案例3＞年度「品牌行銷事業部門」營運檢討報告書架構

茲研擬「自有品牌○○事業發展四年總檢討報告書」撰寫大綱如下：

一、過去四年○○發展績效與問題總檢討

1. 營收績效檢討
2. 營業成本、毛利、營業費用及營業損益績效檢討
3. 市場與品牌地位排名績效檢討
4. 虛擬通路及實體通路績效檢討
5. 產品開發績效檢討
6. 品牌知名度、形象度與滿意度績效檢討
7. 價格策略檢討
8. 品牌打造作法檢討
9. 廣宣預算檢討
10. 代言人績效檢討
11. 組織與人力績效檢討
12. 採購績效檢討
13. 產、銷、存管理制度檢討
14. 總體競爭力反省檢視暨業績停滯不前之全部問題明確列出
15. 小結

二、國內化妝保養品市場環境、競爭者環境及消費者環境之現況分析，與未來變化趨勢分析說明

1. 市場環境分析：包括產值規模、市場結構、產品研發、行銷通路、市場價格、廣宣預算及作法……等。
2. 競爭者環境分析：包括各大競爭者的營收狀況、市占率排名、品牌定位、競爭策略、產品特色、公司資源、組織人力、產銷狀況……等。
3. 消費者環境分析：包括消費者區隔、消費者需求、消費者購買行為、消費者購買通路、消費者品牌選擇因素……等。
4. 小結

三、本公司未來三年（中期計畫）的經營方針及競爭策略分析說明

1. 未來三年的經營方針分析說明
2. 未來三年贏的成長競爭策略分析說明
3. 小結

四、明年度（○○年）營運計畫與營運目標加強說明

1. 組織與人力招聘，變革加強計畫
2. 產品開發目標計畫
3. 實體通路開發具體目標與計畫
4. 虛擬通路運用調整計畫
5. 品牌打造計畫
6. 銷售（業績）具體計畫
7. 會員經營計畫
8. 公關計畫
9. 訂價計畫
10. 產、銷、存管理制度計畫
11. 其他相關計畫

五、明年度（○○年）損益表預估及工作底稿說明

1. 營收預估（月別）
2. 營業成本預估（月別）
3. 營業毛利預估（月別）
4. 營業費用預估（月別）
5. 稅前損益預估（月別)
6. 各種產品線責任利潤中心制度損益區別分析
7. 小結

六、對本集團各關係企業資源整合運用計畫及請求支援事項

七、結論（結語）

Unit **10-4**

＜案例4＞活動（事件）行銷企劃案撰寫架構

企業行銷實務上，經常會舉辦各種活動行銷案或事件行銷案。

例如：有些企業經常在臺北信義區或其他重要人潮聚集的廣場舉辦活動。另外也有很多政府機構舉辦各種節慶活動或政策宣導活動等，也會找外面的公關活動公司或整合行銷公司來代辦活動進行。

茲列示撰寫一個活動（事件）行銷企劃案，可能含括的大綱項目或架構內容如下：

1. 活動緣起
2. 活動宗旨、目的
3. 活動目標
4. 活動名稱
5. 活動主軸、活動特色
6. 活動內容、活動設計
7. 節目流程、活動流程
8. 活動宣傳（媒體宣傳）
9. 活動網站
10. 活動現場布置與示意圖
11. 活動主辦、協辦單位
12. 活動標誌與Slogan（廣告語、標語）
13. 活動DM設計
14. 活動預算
15. 活動組織（專案小組）
16. 活動效益分析
17. 活動成本與效益比較
18. 活動時程進度表（期程表）
19. 活動目標對象
20. 活動地點
21. 活動時間與活動日期
22. 活動整體架構圖示
23. 活動備案措施
24. 活動來賓邀請
25. 活動記者會舉辦
26. 活動檢討與結案（結束後）

Unit 10-5

＜案例5＞創業直營連鎖店經營企劃案架構

花店、咖啡店、早餐店、中餐店、冰店、飲食店、西餐店、服飾品、飾品店、麵包店、火鍋店……等

一、開創行業的競爭環境分析與商機分析

二、開創行業的公司定位與鎖定目標客層

三、開創行業的競爭優勢分析

四、開創行業的營運計畫內容說明

1. 營運策略的主軸訴求
2. 連鎖店命名與Logo商標設計
3. 店面內外統一識別標誌（CIS）的設計
4. 店面設備與布置概況圖示
5. 產品規劃與產品競爭力分析
6. 產品價格規劃
7. 每家店的人力配置規劃
8. 通路計畫：第一家旗艦店開設地點及時程
9. 預計三年內開設的據點數分析
10. 店面服務計畫
11. 店面作業與管理計畫
12. 資訊計畫
13. 廣告宣傳與公關報導計畫
14. 總部的組織計畫與職掌說明
15 每家店的每月損益概估及損益平衡點估算
16. 前三年的公司損益表試算
17. 第一年資金需求預估
18. 投資回收年限與投資報酬率估算
19. 產品生產（委外製造）計畫說明

五、結語

Unit **10-6**

＜案例6＞向銀行申請中長期貸款之「營運計畫書」大綱

一、本公司成立沿革與簡介

二、本公司營業項目

三、本公司歷年營運績效及概況

　　1. 國內外客戶狀況
　　2. 內銷與外銷比例
　　3. 歷年營收額與損益額概況
　　4. 各產品銷售額及占比
　　5. 本公司在同業市場的地位及排名

四、本公司組織表及經營團隊現況

五、本公司財務結構現況

六、本公司面對經營環境、產業環境及全球市場環境的有利及不利點

七、本公司經營的競爭優勢及核心競爭能力分析

八、本公司未來三年的經營方針與經營目標

九、本公司未來三年的競爭策略選擇

十、本公司未來三年的業務拓展計畫

十一、本公司未來三年的產品開發計畫

十二、本公司未來三年的技術研發計畫

十三、本公司未來三年兩岸設廠的投資計畫

十四、本公司未來三年的財務（損益）預測數據

十五、本公司未來三年的資金需求及資產運用計畫

十六、結語

十七、附件參考

Unit 10-7
＜案例7＞上市公司「年度報告書」內容大綱

一、致股東報告書

二、公司簡介

三、公司治理報告

　　1.公司之組織架構

　　2.董事、監察人資料

　　3.經理級以上主管人員資料

　　4.最近年度支付董監事、總經理及副總經理之薪獎

　　5.公司治理運作情形

　　(1)董事會運作情形

　　(2)審計委員會運作情形

　　(3)內部控制制度執行狀況

　　(4)最近年度股東會及董事會之重要決議

　　(5)會計師資訊

　　(6)董監事及經理人持股股權移轉及股票質押情況

四、募資情形

　　1.股本來源

　　2.股東結構

　　3.股權分散情形

　　4.主要股東名單

　　5.最近二年每股市價、淨值、盈餘及股利狀況

　　6.員工分紅及董監事酬勞

　　7.公司併購情形

　　8.公司債、特別股、海外存託憑證、員工認股權證之辦理情形

　　9.資金運用計畫執行情形

五、營運概況

　　1.業務內容

　　(1)業務範疇

　　(2)總體經濟及產業概況

　　(3)技術及研發概況

(4)長短期業務發展計畫

2.市場及產銷情況

(1)市場分析

(2)主要產品之產銷過程

3.從業員工資料

4.環保支出資訊

5.勞資關係

6.重要契約

六、財務概況

1.近三年損益表狀況

2.資產負債表狀況

七、財務狀況及經營結果之檢討分析與風險事項

八、補充揭露事項

第 11 章

經營企劃知識的重要關鍵架構、概念與內涵基礎

章節體系架構 ▼

UNIT 11-1 企業營運管理的循環內容

UNIT 11-2 BU制度

UNIT 11-3 預算管理

UNIT 11-4 SWOT分析的內涵

UNIT 11-5 簡報撰寫原則與簡報技巧

Unit 11-1
企業營運管理的循環內容

　　要了解企業的整體經營管理，就必須先了解企業整體「營運管理」（Operation Process），這個營運管理的循環內容，即是掌握如何管理好或經營好一個企業的關鍵點。

　　企業的「營運管理」循環，要從製造業及服務業來區別，並簡述如下：

一、製造業的營運管理循環：

　　製造業（Manufacture Industry）大概占一個國家或一個社會系統的一半經濟功能；製造業又可區分為傳統產業及高科技產業二種。

　　製造業，顧名思義即是必須製造出產品的公司或工廠。

(一)製造業公司案例

　　1.傳統產業：統一企業、臺灣寶僑家品、聯合利華公司、金車公司、味全公司、味丹企業、可口可樂公司、黑松公司、東元電機公司、大同公司、裕隆汽車公司、三陽機車公司……等。

　　2.高科技產業：台積電公司、奇美面板公司、聯電公司、宏達電公司、鴻海、華碩、聯發科技……等。

(二)製造業的營運管理循環，大致如下：

製造業營運管理循環架構

主要活動

支援活動	A 人力資源管理	1.研發（R&D）管理	・對既有產品及新產品的研究開發管理
			・是產品力的根基來源
		2.採購管理	・指原物料、零組件、半成品之採購管理
			・追求較低的採購成本、穩定的採購品質及供貨的穩定性
		3.生產管理	・指產品的生產與製造過程
			・追求有效率、準時出貨的生產管理以及降低生產成本

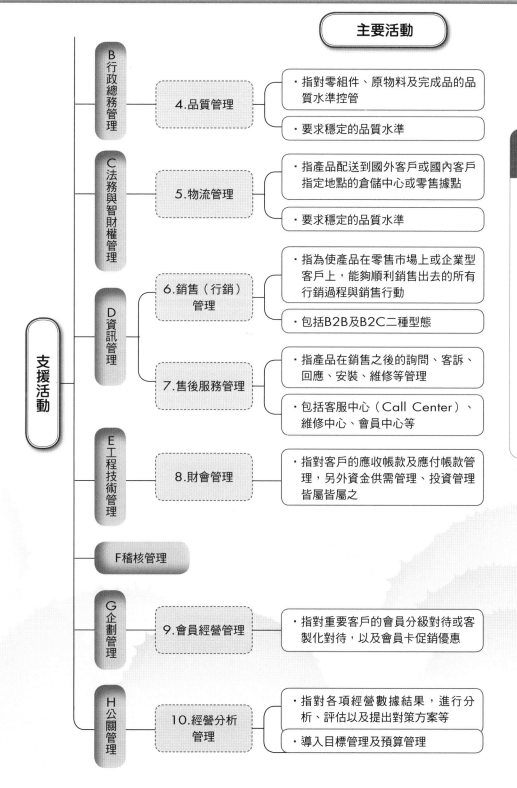

B 行政總務管理

4.品質管理
- 指對零組件、原物料及完成品的品質水準控管
- 要求穩定的品質水準

C 法務與智財權管理

5.物流管理
- 指產品配送到國外客戶或國內客戶指定地點的倉儲中心或零售據點
- 要求穩定的品質水準

D 資訊管理

6.銷售（行銷）管理
- 指為使產品在零售市場上或企業型客戶上，能夠順利銷售出去的所有行銷過程與銷售行動
- 包括B2B及B2C二種型態

7.售後服務管理
- 指產品在銷售之後的詢問、客訴、回應、安裝、維修等管理
- 包括客服中心（Call Center）、維修中心、會員中心等

E 工程技術管理

8.財會管理
- 指對客戶的應收帳款及應付帳款管理，另外資金供需管理、投資管理皆屬皆屬之

F稽核管理

G 企劃管理

9.會員經營管理
- 指對重要客戶的會員分級對待或客製化對待，以及會員卡促銷優惠

H 公關管理

10.經營分析管理
- 指對各項經營數據結果，進行分析、評估以及提出對策方案等
- 導入目標管理及預算管理

支援活動

(三)製造業贏的關鍵成功要素（**Key Success Factors**）

製造業的經營業者要在競爭對手中突出與勝出，其成功要素如下：

1.要有規模經濟效應化。

此即指採購量及生產量，均要有大規模化才行，如此成本才會下降，產品價格也有競爭力。

試想，一家20萬輛汽車廠，跟2萬輛汽車廠比較起來，那家成本會低些，是大家都明白的事。此係大者恆大的道理。

2.研發力（R&D）強。

研發力代表著產品力，研發力強，可以不斷開發出新的產品，此種創新力將可以滿足客戶需求及市場需求。

3.穩定的品質。

品質穩定使客戶信任，會不斷採購下訂單；好品質的產品，才會有好口碑。

4.企業形象與品牌知名度：

例如：IBM、Panasonic、SONY、TOYOTA、Intel、可口可樂、三星、LG、HP、Sharp、美國Apple、捷安特、TOSHIBA、Philips、P&G、Unilever、美國微軟……等製造業，均具高度正面的企業形象與品牌知名度，故能長期永續經營。

5.不斷的改善，追求合理化經營。

例如：台塑企業、日本豐田汽車公司、Canon公司……等製造業，都強調追根究底消除浪費、控制成本、合理化經營及改革經營的理念，因此，能夠降低成本，提升效率及鞏固高品質水準，這就是一家生產工廠的競爭力根源。茲圖示如下：

製造業贏的關鍵成功因素

1. 要有規模經濟效應化
2. 研發力強
3. 穩定的品質
4. 企業形象與品牌知名度
5. 不斷的改善，追求合理化經營

二、服務業的營運管理循環（Service Industry）

(一)服務業公司案例：

例如：統一超商、麥當勞、新光三越百貨、家樂福量販店、全聯福利中心、佐丹奴服飾連鎖店、阿瘦皮鞋、統一星巴克、無印良品店、誠品書店、中國信託銀行、國泰人壽、長榮航空、臺灣高鐵、屈臣氏、康是美、全家便利商店、君悅大飯店、智冠遊戲、摩斯漢堡、小林眼鏡、TVBS電視台、燦坤3C、全國電子、85度C咖啡……等。

(二)服務業營運管理循環架構圖示：

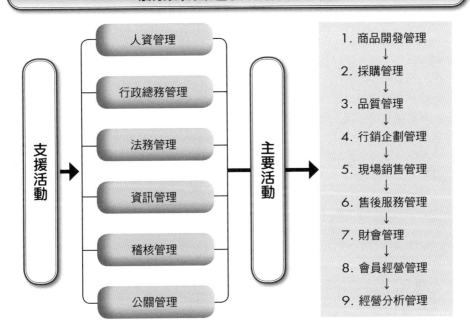

服務業營運管理循環架構

支援活動 → 人資管理 / 行政總務管理 / 法務管理 / 資訊管理 / 稽核管理 / 公關管理 → 主要活動 →

1. 商品開發管理
↓
2. 採購管理
↓
3. 品質管理
↓
4. 行銷企劃管理
↓
5. 現場銷售管理
↓
6. 售後服務管理
↓
7. 財會管理
↓
8. 會員經營管理
↓
9. 經營分析管理

(三)服務業管理與製造業管理的差異何在：

　　相較於製造業，服務業提供的是以服務性產品居多，而且服務業也是以現場的服務人員為主軸，這與製造工廠作業員及科技研發工程師居多的製造業，當然有顯著的不同。

　　二者之差異，如下列各點：

　　1.製造業以製造與生產出產品為主軸，服務業則以「販售」及「行銷」這些產品為主軸。

　　2.服務業重視「現場服務人員」的工作品質與工作態度。

　　3.服務業比較重視對外公開形象的建立與宣傳。

　　4.服務業比較重視「行銷企劃」活動的規劃與執行，包括廣告活動、公關活動、媒體宣傳活動、事件行銷活動、節慶促銷活動、店內廣宣活動、店內布置、品牌知名度建立、通路建立及訂價策略等。

　　5.服務業的客戶是一般消費大眾，經常有數十萬人到數百萬人之多，與製造業的少數幾個OEM大客戶是很大不同的。因此，在顧客資訊系統的建置與顧客會員分級對待經營等，比較加以重視。

(四)服務業贏的關鍵成功因素：

　　茲歸納出服務業贏的關因素如下：

　　1.服務業的「連鎖化」經營，才能形成規模經濟效益化。不管是直營店或是加盟

店的「連鎖化」、「規模化」經營，將是首要競爭優勢的關鍵。就像統一超商7-11的6,570家店、家樂福的67家量販店和全聯福利中心的1,125家店等。

2.服務業的「人力品質」經營，才能使顧客感受到滿意及忠誠度。

3.服務業的進入門檻很低，因此要不斷「創新」、「改變」經營。唯有創新才能領先。

4.服務業也很重視「品牌」形象。因此，服務業會投入較多的廣告宣傳與媒體公關活動的操作，以不斷提升及鞏固服務業品牌形象。

5.服務業的「差異化」與「特色化」經營，才能與競爭對手區隔出來，也才有獲利的可能。服務業如沒有差異化特色，就找不到顧客層，還會陷入價格競爭。

6.服務業也很重視「現場環境」的布置、燈光、色系、動線、裝潢、視覺等，因此，有日趨高級化、高格化的現場環境投資趨勢。

7.最後，服務業也必須提供「便利化」，據點愈多愈好。

茲圖示如下：

服務業贏的關鍵成功因素

服務業贏的
關鍵成功因素

① 打造「連鎖化」、「規模化」經營

② 提升「人力品質」經營

③ 不斷「創新」與「改變」經營

④ 強化「品牌形象」的行銷操作

⑤ 形塑「差異化」與「特色化」經營

⑥ 提高「現場環境」設計裝潢高級化

⑦ 擴大「便利化」的營業據點

Unit 11-2
BU制度

一、何謂BU制度？

　　BU制度，指一種組織設計制度。從SBU（Strategic Business Unit；策略事業單位）制度，逐步簡化稱為BU（Business Unit）。然後，因為可以有很多個BU存在，故也可稱為BUs。

　　BU組織，即指公司可以依事業別、公司別、產品別、任務別、品牌別、分公司別、分館別、分部別、分層樓別等之不同，而將之歸納為幾個不同的BU單位，使之權責一致，並加以授權與賦予責任，最終要求每個BU要能夠獲利才行；此乃BU組織設計之最大宗旨。

　　BU組織，也稱為「責任利潤中心制度」（Profit Center）；兩者頗為近似。

二、BU制度優點何在？

　　BU的組織制度有何優點呢？大致可有：

　　1.確立每個不同組織單位的權利與責任的一致性。

　　2.可適度有助於提升企業整體的經營績效。

　　3.可以引發內部組織的良性競爭，並發崛出優秀潛在人才。

　　4.可以有助於形成「績效管理」競向的優良企業文化與組織文化。

　　5.可以使公司績效考核與賞罰制度，有效的連結在一起。

三、BU制度有何盲點？

　　BU組織制並不是萬靈丹，並不是說每一個企業採取BU制度，每一個BU就能夠賺錢獲利，這未免也太不實際了。否則，為什麼同樣實施BU制度的公司，依然有不同的成效呢？

　　1.當BU單位的負責人如果不是一個很卓越、很優秀的領導者或管理者時，該BU仍然績效不彰。

　　2.BU組織欲發揮功效，仍須要有其他的配套措施配合運作才能事竟其功。

四、BU組織單位如何劃分？

　　實務上，因各行各業甚多，因此，可以看到BU的劃分，從下列切入：公司別BU、事業部別BU、分公司別BU、各店別BU、各地區BU、各館別BU、各產品別BU、各品牌別、各廠別、各任務別、各重要客戶別、各分層樓別、各品類別、各海外國別等。

五、BU制度如何運作（執行步驟）？

BU制度的步驟流程，大致如下：

1.適切合理劃分各個BU組織。

2.選任合適且強有力的「BU長」或「BU經理」，負責帶領的單位。

3.研擬配套措施，包括：授權制度、預算制度、目標管理制度、賞罰制度、人事評價制度等。

4.定期嚴予考核各個獨立BU的經營績效成果如何。

5.若BU達成目的，則給予獎勵及人員晉升等。

6.若未能達成目標，則給予一段觀察期，若仍不行，就應考慮更換BU經理。

六、BU制度成功的要因何在？

BU組織制度並不保證會成功且令人滿意；不過歸納企業實務上，成功的BU組織制度，有如下要因：

1.要有一個強有力BU Leader（領導人、經理人、負責人）才行。

2.要有一個完整的BU「人才團隊」組織。一個BU就好像是一個獨立運作的單位，須要有各種優秀人才的組成才行。

3.要有一個完整的配套措施、制度及辦法。

4.要認真檢視自身BU的競爭優勢與核心能力何在？每一個BU必須確信超越任何競爭對手的BU。

5.最高階經營者要堅定決心貫徹BU組織制度。

6.BU經理的年齡層有日益年輕化的趨勢，因為年輕人有企圖心、有上進心，對物質經濟有追求心、有體力、有活力、有創新。因此，BU經理會有良性的進步、競爭動力存在。

7.幕僚單位有時候未歸屬各個BU內，故仍積極支援各個BU的工作推動。

七、BU制度與損益表如何結合？

BU制度最終仍要看每一個BU是否為公司帶來獲利與否，每一個BU都能賺錢，全公司累計起來，就會賺錢。

BU組織單位劃分舉例說明

某飲料事業部下各產品

① 飲料BU

② 果汁飲料BU

③ 咖啡飲料BU

④ 礦泉水飲料BU

各地區

① 臺北區BU

② 北區BU

③ 中區BU

④ 南區BU

⑤ 東區BU

某公司下各事業部

① A事業部BU

② B事業部BU

③ C事業部BU

各品牌

① A品牌BU

② B品牌BU

③ C品牌BU

④ D品牌BU

各BU損益表

	BU1	BU2	BU3	BU4	BU5
①營業收入	$○○○○	$○○○○	$○○○○	$○○○○	$○○○○
②營業成本	$(○○○○)	$ ( )	$ ( )	$ ( )	$ ( )
③營業毛利	$○○○○	$○○○○	$○○○○	$○○○○	$○○○○
④營業費用	$(○○○○)	$ ( )	$ ( )	$ ( )	$ ( )
⑤營業損益	$○○○○	$○○○○	$○○○○	$○○○○	$○○○○
⑥總公司幕僚費用分攤額	$(○○○○)	$ ( )	$ ( )	$ ( )	$ ( )
⑦稅前損益	$○○○○	$○○○○	$○○○○	$○○○○	$○○○○

Unit **11-3**
預算管理

一、何謂預算管理？

　　「預算管理」（Budget Management）對企業界是非常重要的，也是經常在會議上被拿來討論的議題內容。

　　所謂「預算管理」，即指企業為各單位訂定各種預算，包括營收預算、成本預算、費用預算、損益（盈虧）預算、資本預算等；然後針對各單位每週、每月、每季、每半年、每年等定期檢討各單位是否達成當初所訂定的目標數據；並且做為高階經營者對企業經營績效的控管與評估主要工具之一。

二、預算管理的目的

　　「預算管理」的目的及目標，主要有下列幾項：

　　1.預算管理係做為全公司及各單位組織營運績效考核的依據指標之一，特別是在獲利或虧損的損益預算績效，是否達成目標預算。

　　2.預算管理亦可視為「目標管理」（Management by Objective, MBO）的方式之一，也是最普遍可見的有力工具。

　　3.預算管理可做為各單位執行力的依據或憑據，有了預算，執行單位才可以去做某些事情。

　　4.預算管理亦應視為與企業策略管理相輔相成的參考準則。公司高階主管訂定發展策略方針後，各單位即訂定相隨的預算數據。

三、預算何時訂定？

　　企業實務上都在每年的年底快結束時，即12月底或12月中時，需提出明年度或下年度的營運預算，然後進行討論及定案。

四、預算有那幾種？

　　基本上來說，預算可以區分為：1.年度（含各月別）損益表預算（獲利或虧損預算）；2.年度（含各月別）資本預算（資本支出預算)；3.年度（含各月別）現金流量預算。而在損益表預算中，又可細分為：1.營業收入預算；2.營業成本預算；3.營業費用預算；4.營業外收入與支出預算；5.營業損益預算；6.稅前及稅後損益預算。

五、哪些單位要訂定預算？

　　幾乎全公司都要訂定預算，所不同的是，有些是事業部門的預算，有些則是幕僚單位的預算。幕僚單位的預算是純費用支出的，而事業部的則有收入，也有支出。

　　因此，預算的訂定單位，應該包括：1.全公司預算；2.事業部門預算；3.幕僚部門預算（財會部、行政管理部、企劃部、資訊部、法務部、人資部、總經理室、董事

長室、稽核室等）。

六、預算如何訂定？

預算訂定的流程，大致如下：

1.經營者提出下年度的經營策略、經營方針、經營重點及大致損益的挑戰目標。

2.由財會計門主辦，並請各事業部門提出初步的年度損益表預算及資金需求預算的數據。

3.財會部門請各幕僚單位提出該單位下年度的費用支出預算數據。

4.由財會部門彙整各事業單位各幕僚部門的數據，然後形成全公司的損益表預算及資金需求預算。

5.然後由最高階經營者召集各單位主管共同討論，修正並最後定案。

6.定案後，進入新年度即正式依據新年度預算目標，展開各單位的工作任務與營運活動。

七、預算何時檢討及調整？

在企業實務上，預算檢討會議是經常可見的，就營業單位而言，業界每週都至少要檢討上週達成的業績狀況如何；幾乎每月也要檢討上月的損益如何；與原訂的預算目標相比較，是超出或不足？超出或不足的比例、金額及原因是什麼？又有何對策？以及如果連續一、二個月下來，都無法依照預期預算的目標達成的話，則應該要進行預算數據的調整了。調整預算，即表示要「修正預算」，包括「下修」預算或「上調」預算。下修預算，即代表預算沒達成，往下減少營收預算數據或減少獲利預算數字。

總之，預算是關係著公司的最終損益結果，因此，必須時刻關注預算的達成狀況如何，而做必要的調整。

八、有預算制度，是否表示公司一定會賺錢？

答案當然是否定的。預算制度雖很重要，但這也只是一項績效控管的管理工具而已。 不代表預算控管就一定會賺錢；公司要獲利賺錢，牽涉到多面向問題，包括產業結構、經濟景氣狀況如何？人才團隊、老闆的策略、企業文化、組織文化、核心競爭力、競爭優勢、對手競爭……等太多的因素了。不過，優良的企業，是一定會做好預算管理制度的。

九、預算制度的對象，有愈來愈細的趨勢

企業的預算制度對象有愈來愈細的趨勢。包括：1.各分公司別預算；2.各分店別預算；3.各分館別預算；4.各品牌別預算；5.各產品別預算；6.各款式別預算；7.各地區別預算。這種趨勢與「各單位利潤中心責任制度」是相關的，因此，組織單位劃分日益精細，權責也日益清楚，接著各細部單位的預算也就跟著產生了。

十、損益表預算格式

茲列示最普及的損益表格（按月別），如下表所示：

月份損益表

	1月	2月	3月	4月	5月	6月	7月	8月	9月	10月	11月	12月	合計
① 營業收入													
② 營業成本													
③＝①－② 營業毛利													
④ 營業費用													
⑤＝③－④ 營業損益													
⑥ 營業外收入與支出													
⑦＝⑤－⑥ 稅前淨利													
⑧ 營利事業所得稅													
⑨＝⑦－⑧ 稅後淨利													

Unit 11-4
SWOT分析的內涵

一、SWOT分析的二種圖示法

SWOT分析是大家所耳熟能詳的分析方法，其圖示表達方法，可從二種角度來呈現如下：

(一)第一種SWOT分析

1.從公司內部環境來看，有哪些強項及弱項。

例如：公司成立歷史長短、公司品牌知名度的強弱、公司研發團隊的強弱、公司通路的強弱、公司產品組合完整的強弱、公司廣告預算多少的強弱、公司成本與規模經濟效益的強弱……等。

2.從公司外部環境來看，有哪些好機會（好商機）或威脅（不利問題）。

像是茶飲料崛起；健康意識興起；自然、有機、樂活風潮流行；景氣低迷對平價商品或平價商店的機會……等。

(二)第二種SWOT分析

第二種SWOT分析圖則是表達了4種可能狀況下的因應對策：

1.公司擁有強項，而且又是面對環境商機出現。則此時本公司應採取什麼樣的A行動。此行動當然是參與的策略。

SWOT分析的二種圖示法

第一種SWOT分析

	S：強項（優勢）	W：弱項（劣勢）
公司內部環境	S：Strength S1：…… S2：……	W：Weakness W1：…… W2：……
	O：機會	T：威脅
公司外部環境	O：Opportunity O1：…… O2：……	T：Threat T1：…… T2：……

第二種SWOT分析

	強項（優勢）	弱項（劣勢）
機會	A行動	B行動
威脅	C行動	D行動

2.公司面對環境商機，但卻是公司弱項。此時公司應考量是否能夠補足這些弱項，轉變為強項，如此才能掌握此商機。此時為B行動。

3.至於C行動，則是所面對環境的威脅與不利，卻是本公司的強項，此時亦應考慮如何應變。例如：某食品公司的專長優勢是茶飲料，但面對很多對手都介入茶飲料市場，此時該公司該如何應對呢？

4.最後D行動，則是面臨環境威脅，又是本公司弱項，此時公司就必須採取撤退對策了。

二、SWOT分析的細節項目

SWOT分析，其實就是一種環境情報的分析，包括從公司內部與公司外部的環境分析。具體來說，可從下圖的細節項目著手，比較有系統：

1.公司內部資訊情報的強項與弱項：可從(1)組織面向；(2)行銷4P面向及(3)商品及推廣面向來看。

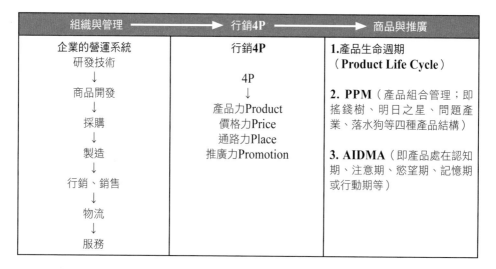

組織與管理 ➡	行銷**4P** ➡	商品與推廣
企業的營運系統 研發技術 ↓ 商品開發 ↓ 採購 ↓ 製造 ↓ 行銷、銷售 ↓ 物流 ↓ 服務	行銷**4P** 4P ↓ 產品力Product 價格力Price 通路力Place 推廣力Promotion	**1.**產品生命週期 （**Product Life Cycle**） **2. PPM**（產品組合管理；即搖錢樹、明日之星、問題產業、落水狗等四種產品結構） **3. AIDMA**（即產品處在認知期、注意期、慾望期、記憶期或行動期等）

2.公司外部資訊情報的商機與威脅。

總體環境 ➡	個體環境 ➡	顧客與競合環境
PEST ↓ 政治環境：Political 經濟環境：Economic 社會環境：Society 科技環境：Technology	產業五力分析 ↓ 現有競爭者 潛在代替者 新進入者 供應商 顧客	顧客分析： ‧顧客忠誠度 ‧顧客資料庫 競爭與合作分析

三、哪些單位該做SWOT分析？怎麼做？

(一)就企業實務，從全方位來看，每個單位都要做自己的SWOT分析。包括：董事長室及總經理室的高階幕僚們、策略規劃部門、經營企劃部門、事業部門、行銷部門、研發部門、商品開發部門及製造部門……等。

(二)從行銷部門或行銷企劃部門來看，更必須時刻關注著公司及市場的變化，定期做出SWOT分析。

(三)行銷企劃部門應有專人專責，定期提出SWOT分析，主要從二種角度著手：

1.OT分析：公司在行銷整體面向，面臨了哪些外部環境帶來的商機或威脅？還可從：競爭對手、顧客群、上游供應商、下游通路商、政治與經濟、社會化、文化、潮流及產業結構等面向來看。觀察其中的改變，是帶來有利？或不利？

2.SW分析：行銷企劃人員要定期檢視公司內部環境及內部營運數據的改變，而從此觀察到公司過去長期以來的強項及弱項是否也有變化？強項是否更強？或衰退了？弱項是否得改善？或更弱了？

包括：

①公司整體市占率、個別品牌市占率的變化
②公司營收額及獲利額的變化
③公司研發能力的變化
④公司業務能力的變化
⑤公司產品能力的變化
⑥公司行銷能力的變化
⑦公司通路能力的變化
⑧公司企業形象能力的變化
⑨公司廣宣能力的變化
⑩公司人力素質能力的變化
⑪公司IT資訊能力的變化

(四)SWOT分析的步驟，在實務上大致如下：

1.提出（每月／每季一次）：可由行銷策劃幕僚人員、經營企劃幕僚人員、事業部或營業部門人員提出。其他各部門也可提出。

2.會議討論：在總經理或董事長主持的專案會議或主管會議中，展開深入討論。各自提出不同的見解及觀點，以及最終的對策與作法如何。

3.裁示：董事長或總經理針對各單位、各事業部門的主管所提出看法，加以歸納並且做出最後的裁示。

4.持續追辦：針對上級的裁示，有些則列入各相關部門的追辦事項，下次會議再考核辦理情形。

Unit 11-5
簡報撰寫原則與簡報技巧

一、簡報類型

　　1.對內簡報：對上級長官、老闆及業務單位的簡報。

　　2.對外簡報：對外部機構的簡報，包括對策略聯盟夥伴、銀行團、法人說明會、董事會、媒體記者團、投資機構、海外總公司、重要客戶（Key Account, KA）及業務夥伴的簡報。

二、簡報撰寫的原則

　　1.簡報撰寫的美編水準要夠。 一眼望穿，這是精心編製的高水準美編表現。美編猶如一位女生的外在打扮及化妝，是一個外在美的表現。

　　2.簡報撰寫要注意邏輯性順序。 簡報的大綱及內容一定要有邏輯性與系統性的撰寫表現，就像一部好電影一樣，從頭到尾都很有邏輯性的進展，不可太混亂。

　　3.簡報撰寫要掌握，圖優於表，表優於文字的表達方式。 不能寫太冗長的文字，但也不能寫太少的文字，能用圖形或表格方式表達的，絕對優於一大串的文字內容，因為圖表，有使人一目瞭然之良好效果。

　　4.簡報內容一定要站在對方（聽簡報者）的角度立場為出發點。 包括：客戶、老闆、股東、投資事業、合作夥伴及消費者的角度及立場等。

　　5.簡報撰寫內容要從頭到尾多看幾遍，多討論幾次，一定要盡可能完整周全，勿有遺漏處。 多想想對方會問些什麼問題，盡可能在簡報內容裡一次呈現，才代表一個完美、無懈可擊、可圈可點的簡報內容。

　　6.簡報撰寫內容要給對方高度的信心，且沒有太多的質疑。 簡報內容要展現出公司團隊及專案小組已有萬全的準備及經驗。

　　7.簡報撰寫要「To The Point」。 就是寫出對方（對內或對外簡報皆然）真正想要聽的地方，想知道的答案，能滿足他們的需求，能帶給他們利益所在，為他們解決問題，真正為他們找到新出路與新方向的所在。

　　8.簡報撰寫的內容，要思考到「6W/3H/1E」十項事項是否都已涵括進去。

　　9.簡報內容應適度運用一些有學問及有學識基礎的專業理論用詞串在裡頭。 如果能夠「實務＋學問」那就是一項頂級的簡報內容了。因為，有時候聽簡報的對象可能都是老闆級、高階主管級、專業性很強者，或是碩、博士以上學歷的一群人；同時，要展現出有學識基礎的專業東西出來。例如：法說會、國外策略聯盟合作案、大型客戶會談……等均是。

簡報撰寫內容要思考的「6W/3H/1E」十項事項

6W	What, When, Where, Who, Why, Whom

3H	How much, How long, How to do

1E	Evaluate

簡報撰寫九原則

1. 美編水準要夠

2. 注意邏輯性順序

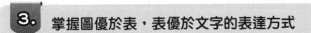

3. 掌握圖優於表，表優於文字的表達方式

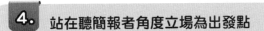

4. 站在聽簡報者角度立場為出發點

5. 內容多看幾遍，多討論幾次，以能完整周全，勿有遺漏處

6. 內容要給對方高度的信心、無疑慮，展現專業及經驗

7. To The Point

8. 內容要思考到「6W/3H/1E」

9. 適度運用有學問及有學識基礎的專業理論用詞

三、簡報管理要點

1.要組成「堅強的簡報團隊」親赴現場。

2.要注意簡報人層次的「對等性」問題。

亦即了解聽簡報的人或公司是什麼職務與階層的人，我們就要派出相對的簡報人出馬才行。這是尊重與禮貌的問題。

3.「提早時間」赴現場做好各項準備，然後從容的等對方聆聽者出席，切勿在現場匆匆忙忙。

4.「書面資料、數量及裝訂」在事前準備妥當，不可掛一漏萬。

5.負責現場的「簡報人」是主角，一定要做好演練的準備工作。

6.簡報完畢後，對方所提的各項問題，我方都應虛心接受及妥善溫和回答，不應有讓對方覺得我方善辯的不良感受。並且要感謝對方所提出的問題點。

四、理想簡報人的要點

1.簡報人必須事前對簡報內容有充分的演練及熟悉，而不是一個簡報機器而已。一定要讓對方感受到您的專業、投入、用心、準備，以及帶給對方的信賴感。

2.簡報人要看對方的階層與職務，而派出相對的負責簡報人員。

例如：對方如果是中大型公司，總經理在聽簡報，那我方就不能派年資太淺的基層專員，一定要派出經理、協理或副總經理的上場對應才行。

3.簡報時間應該好好掌握，務必在對方要求的時間內完成。

原則上，一項簡報應盡可能在30分鐘內完成；除非是超大型的簡報，涉及很多專業面向，才能夠超過30分鐘。

4.簡報人應展現的「態度」：謙虛中帶有自信，誠懇中帶有專業，平實而不浮華，團隊而非個人英雄。

5.簡報人不宜緊張，要有大將之風，要見過世面。

6.簡報人口齒應清晰、服裝應端莊、精神應有活力、神情不宜太侷促、要面帶笑容、落落大方、說話要吸引別人注意。

經營企劃知識的
重要關鍵字彙整

「經營企劃」重要關鍵字彙整列出如下：

① 效率與效能的區別（Efficiency & Effectiveness）

② 策略方向與競爭利基

③ 經營團隊（管理團隊）（Management Team）

④ 戰略思考的深度與寬度

⑤ 企業策略、經營策略（Business Strategy）

⑥ 經營理念、經營計畫

⑦ 營運企劃書（Business Plan）

⑧ 經營願景（Vision）

⑨ 使命、核心價值觀（Mission；Core Value）

⑩ 集團策略→公司策略→事業部策略→功能部門策略

⑪ 經營決策委員會（Business Committee）

⑫ 公司策略（Corporate Strategy）

⑬ 功能策略、行銷策略、業務策略、採購策略、資訊策略、庫存策略、物流策略、生產策略、訂價策略、研發策略、財務策略、經織策略、併購策略、產品策略、服務策略、投資策略、品管策略、智產權策略、人力資源策略

⑭ 創新策略（Innovation Strategy）

⑮ 組織變革策略（Organizational Change）

⑯ OEM代工策略

⑰ IPO（上市櫃）（Initial Public Offer）

⑱ 品牌策略（Brand Strategy）

⑲ 私募策略（Private Place）

⑳ 聯貸策略（Bank Loan）

㉑ 經營目標（Business Objective）

㉒ 策略抉擇（選擇）（Strategy Trade-off）

㉓ 營運範疇（Business Scope）

㉔ 核心資源（Core Resources）

㉕ 事業網路（Business Network）

174

㉖ 經營策略檢討三要素：事業範疇、核心能力、市場機會

㉗ 核心專長、核心能力（Core Competence）

㉘ 企業核心價值（Core Value）

㉙ 專利權、專有性

㉚ 策略意圖（Strategic Intention）

㉛ 策略＝願景＋方法＋行動

㉜ 策略SWOT分析

㉝ 產業五力架構分析（競爭者、潛在新加入者、替代品、與上游議價關係、與下游客戶關係）

㉞ 損益表：營收、毛利、純益

㉟ EPS（每股盈餘）

㊱ ROE（股東權益報酬率）

㊲ ROA（資產報酬率）

㊳ 企業的競爭優勢（Competitive Advantage）

㊴ 價值創造

㊵ 配適性（Fit）

㊶ 專業模式、商業模式（Business Model）

㊷ 獲利模式（Profit Model）

㊸ 策略的外部環境分析：產業環境、經濟環境、政策法令環境、科技環境、市場環境、競爭者環境、社會文化環境、人口與消費環境

㊹ 競爭對手分析

㊺ 全球化市場分析

㊻ 外部條件與內部條件分析

㊼ 合資（Joint Venture）與獨資

㊽ 技術、商標、品牌授權

㊾ 企業內部競爭力

㊿ 策略的制度及形成過程

(51) 策略的具體方案

52 策略的評估、改變與再調整

53 策略與執行力

54 策略聯盟（Strategic Alliance）

55 策略定位（Strategic Positioning）

56 策略的替代方案

57 策略的Scenario（推演）

58 穩定策略（Stability Strategy）

59 成長策略（Growth Strategy）

50 中期三年經營計畫（Mid-Term Business Plan）

61 擴張產品線策略

62 擴張海外市場策略

63 強化產品組合（Portfolio）策略

64 向上游垂直整合策略

65 向下游垂直整合策略

66 水平併購策略

67 工廠合併策略

68 多角化擴張策略（Diversification）

69 多品牌擴張策略（Multi-Brand）

70 專注（Focus）經營策略

71 差異化競爭策略（Differential）

72 利基市場策略（Niche-Market）

73 擴店策略

74 海外代理品牌策略

75 複製現有模式，尋求擴張

76 出售工廠、事業部門

77 削減工廠

78 全球工廠整併

79 規模經濟生產效益

80 市場占有率

81 通路為王

82 打造自有品牌

83 全球版圖擴張

84 海外新興國家市場

85 深耕現有產品線

86 掌握關鍵零組件

87 大陸生產基地布局

88 策略綜效（Synergy）

89 集團事業版圖

90 市場深化策略

91 新產品開發策略

92 異業合作策略

93 低成本策略（Low-Cost Leadership）

94 成本降低專案（Cost Down Project）

95 資本支出（Capital Expenditure）

96 新事業投資可行性評估

97 轉投資子公司

98 策略風險性承擔

99 產品結構與獲利結構

100 各產品對獲利的貢獻度

101 行銷4P策略（產品、訂價、通路、推廣）

102 市場區隔策略

103 環境新商機

104 營運績效（Performance）：獲利率、毛利率、營收成長率、EPS、ROE、ROA、公司總市值、股價

105 全球運籌

106 全球研發中心

107 外部資訊情報

108 公司年度預算與預算達成度

109 IT工具：SCM（供應鏈管理）、ECR（快速交貨管理）、POS、Call-Center

110 董事會與公司治理

111 預測未來環境變化趨勢

112 未來年度財務預測（Financial Forecasting）

113 供應商環境變化

114 顧客環境變化

115 改革（革新）計畫

116 產業價值鏈

117 產業成本結構

118 產業行銷通路

119 產業集中度

120 產業生命週期

121 關鍵成功要素（Key Success Factor）

122 產業經濟結構（獨占、寡占、獨占競爭、完全競爭）

123 企業與法律環境

124 公司價值鏈（Corporate Value Chain）：主要活動＋次要支援活動

125 學習曲線效果（降低成本）

126 產能使用率

127 統合作業

128 基本競爭策略（Generic Competitive Strategy）

129 企業轉型（Business Transition）

130 交易成本理論（Transaction Cost Theory）

131 外包策略（Outsourcing）

132 國際產品生命週期

133 賽局理論（Game Theory）

134 範疇經濟

135 資源基礎理論（Resource-Base Theory）

136 人力資本（Human Capital）

137 全球化人力資源（Global HRM）

138 先占市場（先入）策略

139 M&A（併購）（Merge & Acqusition）

140 策略性併購（Strategic M&A）

141 經營資源互補

142 併購DD（實地審查；Due Diligence）

143 企業價值（Corporate Value）

144 跨國併購

145 資訊科技與競爭策略

146 特續性競爭優勢

147 公司治理的織織體制（Corporate Governance）

148 企業社會責任（Corporate Social Responsibility, CSR）

149 SBU（策略性事業單位）（Strategic Business Unit，又稱為BU制度）

各類企劃案實例

第13章　十九個營運檢討報告企劃案

第14章　十三個經營企劃案

第15章　十二個知名公司中期經營企劃案

第16章　二十二個行銷企劃案

第17章　十個財務企劃案

第18章　如何撰寫創業企劃書

導言
本書為何只列企劃案撰寫架構？

依筆者個人經驗，企業可說是隔行如隔山，每一行業都是一門專業的知識與結構，如果你不是這一行業的人，那麼這一行業的企劃案全文對你而言，意義並不大，因為用不上。另外，也涉及著作版權的問題，未經公司同意，不能隨意刊登全文。

一、剩下的要靠自己揮灑

最根本的想法，乃是筆者認為本書已提供了內功知識及若干企劃案實例架構綱要，應該很足夠，剩下的則要靠你去補足，靠你所處的那一個行業的專業知識及你所在公司的不同組織文化及發展狀況，然後，再以你對公司無比的投入與熟悉度，填寫進去，那就大功告成了。

俗話說，「與其給他魚，不如給他魚竿，學會如何釣魚」，因為沒有人是一輩子都有免費的魚吃，唯有用心投入學習，才會成為自己的智慧。因為全國至少有好幾百個行業與好幾千種不同結構的公司，怎麼會有統一的企劃案內容？這不僅不可能，也沒有必要，更是錯誤的。

二、實務上四大類企劃案

筆者在企業界工作二十五年來，歷經傳統製造業、科技製造業，以及目前的服務業。這些企業有些是中小企業，有些是大型企業集團。而長期以來，筆者都在高階企劃單位任職，也經常參加公司內部的各種會議，包括產銷協調會、擴大主管會報、集團資源整合會議、財務專案會議、經營決策會議、新事業投資審議會、廣告比稿會議、事業總部營運檢討會議、法務專案會議、加盟店主預算檢討會議、組織變革會議、教育訓練會議、宣傳會議，甚至包括與外部各種協力廠商、策略聯盟夥伴、學術研發單位，或是政府執行部門聯合會議等大大小小的會議，幾乎無役不與，從中看到很多，學到很多，也成長很多。

從這些企業營運實務上，筆者大致可以把這些會議報告或企劃報告案，區分為經營企劃案、行銷企劃案、財務企劃案及管理企劃案等四大類。

以下章節即是針對四大類企劃案，列舉若干案例，希望提供讀者參考，能在將來工作上較快知道如何擷取本書適當案例的內容，然後加以應用與模仿。這樣可以加快思考時間與撰寫速度，而且也會使你撰寫的報告，更加完整可行。

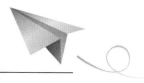

三、不相同下的共通性

　　雖然各行各業大不相同，但是經營與管理企業的方式與邏輯，並無太大不同，而且邁向卓越企業之途，是具有共通的特質、方向與路徑。因此，本書的企劃案例，雖只寫出架構綱要、內容項目及分析說明，但筆者認為已經足夠。倘真能體會及了解這些架構與項目，必能輕易的應用在各種行業上，甚至發揚光大。

　　本書就像是守望在黑暗大海上的明亮燈塔一樣，它已指明了船的正確行駛方向，並不需將大海每一處一如白天的照亮，事實上這也做不到，而且也不可能這麼做的，因為全國有上百種行業，每家公司狀況也不一樣。本書的立意、目的與精神，就在此了。

放下，才能再出發

　　如果你現在就想過最好的生活，必須儘快的原諒。學習放下過去的傷痛和傷害，不要讓苦毒深植在你的生命中。

　　也許在你很小的時候曾經發生過讓你難以忘懷的憾事，有人惡待你，有人占你便宜；或許有人用計阻擋了你的升遷或是欺騙你；也許是一位好朋友背叛了你，而你有很好理由可以生氣，可以心生苦毒。

　　為了你身心靈的健康，你必須讓事情過去。恨一個人不會成就什麼好事，一直留在怒氣中對你也沒什麼意義。對於過去的事你已經無能為力，但是對於未來你可以有所為。你應該寬恕，祈求老天爺的愛醫治你，然後也開始相信祂必補償你。

第 13 章

十九個營運檢討報告企劃案

章節體系架構 ▼

Unit 13-1　某百貨公司「上半年業績檢討」及「因應對策」報告

Unit 13-2　本土啤酒公司邀請張惠妹做年度「廣告代言人後之廣告效益」檢討報告

Unit 13-3　某泡麵公司檢討年度發展「營運策略方針」報告

Unit 13-4　某品牌化妝保養品面對「強力競爭」挑戰下的因應對策檢討報告

Unit 13-5　某汽車公司上半年「整體汽車市場衰退」之分析及因應對策報告

Unit 13-6　某食品飲料廠商對「綠茶市場」的競爭檢討分析報告

Unit 13-7　某百貨公司「週年慶活動事後總檢討」報告

Unit 13-8　某百貨公司「母親節檔期」促銷活動檢討報告

Unit 13-9　某化妝保養品檢討分析「市占率衰退」及「精進改善」企劃案

Unit 13-10　某大連鎖便利商店自營品牌「現煮咖啡」年度檢討報告

Unit 13-11　某大百貨公司年度「經營績效檢討」報告

Unit 13-12　某汽車公司董事會「調降」年度銷售量目標報告

Unit 13-13　某資訊3C連鎖店年度「財務績效」未達成檢討報告

Unit 13-14　某衛生棉品牌提升市占率之「行銷績效成果」報告

Unit 13-15　某進口橄欖油公司「年度業務檢討」報告

Unit 13-16　某中小型貿易代理商「業績無法突破」檢討報告

Unit 13-17　某餐飲連鎖店加盟總部面對市場景氣之「因應對策」報告

Unit 13-18　某服飾連鎖店公司「年終營運檢討」報告

Unit 13-19　某量販公司去年度「營運績效總檢討」報告

Unit **13-1**
某百貨公司「上半年業績檢討」及「因應對策」報告

一、本公司上半年「業績」與「預算」比較分析表

1. 達成度狀況分析（整理）
2. 北、中、南三區達成度狀況分析
3. 全省十三個分館達成度狀況分析
4. 今年上半年業績與去年同期比較分析

二、今年上半年業界比較分析

1. 整體百貨公司業績（營收額）衰退○○％
2. 本公司與競爭對手上半年營收業績比較表

三、今年上半年整體百貨市場業績衰退原因分析

1. 全球疫情影響　　　　　2.物價上漲（通貨膨脹）
3. 薪資所得未增　　　　　4.景氣仍屬低迷
5. 消費心態保守　　　　　6.政治動態（中美政治、臺海緊張）
7. 臺商及其幹部外移大陸　8.天候變化不定
9. 虛擬通路競爭的影響（含電視、型錄、網路及直銷等四種通路）

四、今年下半年整體「營運對策」方向之建議

1. 加速建置CRM（顧客關係管理）系統，瞄準優質卡友來店消費意願。
2. 強調「分眾行銷」，瞄準不同分店的客層。
3. 持續舉辦大型節慶促銷活動，營造消費氣氛，帶動買氣。
4. 強化與各樓層供應商（專櫃）之合作促銷方案施展。
5. 持續加強各種精緻服務，提升主顧客滿意度及來店首選忠誠度。
6. 加強「事件行銷」型態活動舉辦，以創造周邊熱鬧人潮之帶動。

五、今年下半年「管理對策」方向之建議

1. 增加「外派人力」之聘用，降低勞退金之提撥壓力。
2. 部分單位遇缺不補，降低人力成本。
3. 針對電費上漲，注意控制不必要照明及空調成本之浪費。
4. DM寄發對象及成本應加強篩選與控制。
5. 小結：整體管銷費用，應以降低3％～5％為目標要求。

六、結論與恭請裁示

Unit 13-2
本土啤酒公司邀請張惠妹做年度「廣告代言人後之廣告效益」檢討報告

一、廣告上檔滿一個月後，廣告效益總檢討報告

1.從實際銷售業績面分析：包含有①上月銷售業績較去年同期業績及今年度平均月業績之比較分析表；②全國北、中、南區業績成長比較分析表，以及③各種行銷通路業績成長比較分析表。

2.從廣告與品牌行銷面分析：包含有①張惠妹當代言人的知曉度調查結果：達○○％，以及好感度：達○○％；②事後廣告GRP（總收視點數）達成度數據：達○○％；③對此次行銷Slogan「快樂因為有你」的知曉度：達○○％，以及好感度：達○○％；④對是否曾看過阿妹的廣告比例：達○○％，以及企購度：達○○％，以及⑤對品牌年輕化的轉型感覺：達○○％。

3.是否達成設定搶攻PUB場所的年輕消費者市場之結果：包含有①上月廣告推出後，全省PUB通路業績，較平常每月業績增加：○○％及○○○○萬元；②在全省PUB通路據點增加數量，計新增：○○○家店及○○○個銷售點，以及③在PUB店的消費者面對面訪談記錄調查結果（略）。

4.各通路商對此波廣宣活動意見的綜合表達：包含有①PUB通路商意見；②量販店通路商意見；③超市通路商意見；④便利商店通路商意見；⑤酒店通路商意見，以及⑥全省各縣市經銷商意見。

5.本公司業績部門及全省各營業所提出的意見表達。

二、第一個月已初步見到行銷成果，未來仍可強化精進的方向

1.「大型戶外廣告」正式上場。

2.規劃大型夏季戶外熱鬧「事件行銷」活動舉辦，造成話題行銷。

3.規劃「網路行銷」活動，以吸引年輕族群。

4.營業部門加速以特惠價優惠方案，專案全面打進PUB通路市場，力求全面鋪貨。

5.規劃臺北小巨蛋「萬人演唱會」。由阿妹領場演出，進場者，每人須拿出○○個台啤瓶蓋，作為門票的替代（快樂，因為有你。台啤萬人演唱會）。

6.規劃與五大有線新聞頻道在週六及週日舉辦台啤活動時之「置入新聞報導」，以加深廣宣效果。

7.加強全省經銷商的業務推廣及溝通，並提出獎金誘因。

8.與大型量販店擴大店頭（賣場）行銷活動，包括展示空間專區設立。

9.舉辦大抽獎活動案。

10.規劃與五大便利超商全面的促銷案活動。

三、上個月投入廣宣預支金額明細說明分析，以及未來三個月持續預計投入的行銷預算列表說明

四、結論與討論　　五、恭請裁示

Unit **13-3**
某泡麵公司檢討年度發展「營運策略方針」報告

一、泡麵市場總規模逐年下滑之分析：十年內從100億降到75億

　　1. 分析市場銷售下滑數據
　　2. 市場縮小的原因分析
　　　　①健康意識崛起
　　　　②鮮食（便利商店）的普及化
　　　　③冷凍食品漸漸復活
　　　　④新生人口數逐年下降

二、近三年來五大泡麵品牌大廠的市占率及經營策略分析

　　1. 本公司　　　　　　　　2.維力麵
　　3. 味全（康師傅）　　　　4.味王麵
　　5. 味丹麵

三、本公司（本品牌）現況面對的問題點分析

　　1. 品牌漸趨老化
　　2. 維持50%的歷年高市占率
　　3. 泡麵獲利水準下降
　　4. 整個泡麵市場之需要及銷售規模的下滑趨勢
　　5. 新產品／新市場開發力度與創新仍有不足

四、本公司高營收額泡麵主要品牌現況分析

　　1.□□□　　　　2.△△△　　　3.XXX

五、未來三年泡麵品牌事業的大經營及行銷策略方針

　　1.制定務實且具戰鬥力的「品牌白皮書」（各單一品牌均須明確制定）。
　　2.加速啟動品牌年輕化計畫及追蹤考核。
　　3.有效設計規劃搶攻高價泡麵市場，有效擴大市場。
　　4.設計規劃以健康、有機、天然，以及抗老的輕食泡麵商品，以擴大女性市場規模。
　　5.全面翻新及創新產品口味，帶動每年新產品及新品項上市成功。
　　6.加強促銷活動（含公仔贈品、抽籤設計、街舞活動及事件行銷活動，以吸引買氣）。

六、結論與討論　　　七、恭請裁示

Unit 13-4
某品牌化妝保養品面對「強力競爭」挑戰下的因應對策檢討報告

一、強力競爭的現況分析
1. 第二大及第三大品牌的強力競爭現況分析
2. 新加入品牌分食市場的強力競爭現況分析
3. 開架式平價品牌分食市場的強力競爭現況分析

二、今年上半年業績成長緩慢之數據分析
1. 今年1～6月實際營收業績與去年同期之比較分析
2. 今年1～6月業績與原訂預算目標差距之比較分析
3. 業績衰退的地區分析、各百貨公司別分析及一般通路別分析

三、上半年未能達成原訂成長目標之原因分析說明
1. 外部整體市場環境的不利因素說明
2. 競爭者及環境的挑戰因素說明
3. 本公司的反省自身因素說明

四、下半年本公司突破成長瓶頸，達成預定成長業績目標的因應改革對策建議

1. 加速新品上市的速度，每三個月即推出新品。
2. 豐富產品品項，由目前40多個增至100個品項。
3. 改變對策，拉攏金字塔底部新客層：消費客層區分為三等分；底部占1/5，中間占3/5，頂端占1/5。以新產品吸引底部的新客層。
4. 鞏固既有忠實顧客，提供更多精緻、更頂級、更廣泛的服務，以鞏固中高消費力的顧客。
5. 品牌廣告宣傳手法及內容表現力，求創新與改變。
6. 加強配合百貨公司各大促銷活動，以及有效優惠計畫的執行力。

五、結論與討論

Unit 13-5

某汽車公司上半年「整體汽車市場衰退」之分析及因應對策報告

一、今年上半年國內汽車市場衰退數據分析

1.今年1～6月，前八大汽車廠牌新車領牌數量，合計為30萬輛，較去年同期1～6月，明顯衰退達25.4%（註：八大汽車廠為豐田、中華三菱、裕隆日產、福特、馬自達、本田、韓國現代及鈴木太子等）。

2.八大汽車廠今年1～6月與去年同期新車領牌台數，個別比較分析表。

二、今年上半年市場巨幅衰退一成之綜合原因分析

1.國內上半年整體經濟景氣原因；2.全球疫情原因；3.過去三年平均高速成長而止漲回跌效應影響原因；4.消費者購買力下滑與信心不振趨向保守消費影響原因；5.100萬以上中高價位車影響較小，而70萬以下低價位車影響較大之原因分析；6.各廠仍推出各款新車型，但仍不敵市場買氣低迷不振的現象分析。

三、本公司今年上半年營運衰退狀況分析

> 1.外部經濟大
> 環境因素變
> 化分析
> 2.汽車市場內
> 部因素變化
> 分析

1.本公司（本品牌）上半年實際領車牌數，較去年同期衰退26%，但仍優於裕隆、中華及福特汽車。

2.本公司各品牌款型今年上半年與去年同期銷售數量比較分析。

3.本公司各低、中、高價位車型銷售區別比較分析。

四、預估今年下半年國內汽車市場榮枯變化趨勢分析

五、本公司下半年因應車市景氣可能仍持續低迷之對策計畫

1.控制及降低成本與費用之作法及目標數字：包含有①廣宣費用減少○%，計節省○○萬元；②管理費用減少○%，計節省○○萬元；③交際費用減少○%，計節省○○萬元；④製造費用減少○%，計節省○○萬元；⑤人員費用減少○%，計節省○○萬元，以及⑥合計：總減少○○%，總節省○○○○萬元。

2.加速研發明年度第一季新推出車款之計畫時程，寄望明年上半年景氣復甦。

3.於不景氣時期改為質化經營，強化營業人員能力，提升銷售數字與維修服務滿意度之兩大方向。

4.重新評估行銷費用預算支出之各項效益，追求對汽車銷售最有效的行銷活動項目（包括減少純廣告託播刊登，增加促銷活動的舉辦，以吸收買氣）。

六、預計本公司下半年業績衰退狀況，較去年同期及今年上半年狀況之比較判斷報告

七、結論　八、恭請裁示

Unit 13-6
某食品飲料廠商對「綠茶市場」的競爭檢討分析報告

一、今年茶飲料市場總規模

160億元，其中，強調健康綠茶占50億元。

二、市場上綠茶飲料五大品牌市占率及年度銷售額預估

廠牌	品牌	市占率	年銷售目標
1.統一	1.茶裏王	13%	20億元
2.維他露	2.御茶園	7%	12億元
3.黑松	3.就是茶	5%	8億元
4.愛之味	4.油切綠茶	5%	8億元
5.悅氏	5.悅氏綠茶	5%	8億元

三、五大品牌的行銷策略比較分析

1. 茶裏王行銷4P策略分析
2. 御茶園行銷4P策略分析
3. 就是茶行銷4P策略分析
4. 油切綠茶行銷4P策略分析
5. 悅氏綠茶行銷4P策略分析

四、五大品牌廣告投入量比較分析

1.金額比較　　　2.呈現手法比較　　　3.效益比較

五、五大品牌設備投資擴產動態分析

六、日本綠茶產銷趨勢情報借鏡分析

七、國內消費者需求與消費市場趨勢預測

八、本公司穩固前五大品牌之內的作法

1.經營策略方向　　　2.行銷4P策略方向　　　3.業務組織方向

九、結論

Unit 13-7

某百貨公司「週年慶活動事後總檢討」報告

圖解企劃案撰寫

一、業績目標達成總檢討

1. 實際業績與預期業績比較檢討分析
2. 今年度與去年度同期週年慶業績比較檢討分析
3. 各分館業績達成率檢討分析
4. 各樓層及各商品群業績達成率檢討分析
5. 來客人數及客價檢討分析
6. 同業週年慶業績檢討分析

二、週年慶各部門工作執行相關活動總檢討

1. 廣告宣傳活動檢討分析	2. 媒體公關活動檢討分析
3. 各專櫃配合活動檢討分析	4. 信用卡業務配合活動檢討分析
5. 現場服務配合檢討分析	6. 總體企劃檢討分析
7. 周邊交通指揮配合檢討分析	8. 直效行銷作業配合檢討分析
9. 網站作業配合檢討分析	10. 現場活動作業配合檢討分析
11. 人力調度配合檢討分析	12. 會員卡（聯名卡）使用檢討分析

三、週年慶促銷項目總檢討

1. 化妝品（一樓）全面八折活動	2. 全館七五折起活動檢討
3. 滿千送百活動檢討	4. 免息分期付款活動檢討
5. 大抽獎活動檢討	6. 刷卡禮活動檢討
7. 紅利積點活動檢討	

四、成本與效益分析

1. 本次週年慶行銷支出總成本及各項成本分析
2. 預算成本與實際支出比較分析
3. 效益分析：①來客數分析　　　②客單價分析
　　　　　　　③營收額分析　　　④毛利及獲利額分析

五、總結論

1. 本次週年慶成功行銷的關鍵因素分析
2. 本次週年慶仍待改善分析
3. 下年度週年慶應注意之行銷計畫要點

六、恭請裁示

Unit 13-8
某百貨公司「母親節檔期」促銷活動檢討報告

一、今年母親節檔期本公司業績總檢討
1. 實際業績與原先預訂目標業績之差距
2. 今年母親節業績與去年同檔期業績之比較分析
3. 全省十三個分館個別業績與目標之差異列表比較

二、今年母親節檔期行銷活動總檢討
1. 各項行銷預算支出與實際支出之比較分析
2. 各項行銷活動執行效益分析檢討
　①買千送百促銷活動檢討
　②DM活動檢討
　③廣告宣傳活動檢討
　④公關發稿與見報檢討
　⑤電視新聞置入報導檢討
　⑥贈品活動檢討
　⑦抽獎活動檢討
　⑧分期付款活動檢討
　⑨紅利積點活動檢討
　⑩刷卡禮活動檢討
　⑪現場舉辦活動檢討

三、今年母親節檔期現場管理活動總檢討
1. 現場服務活動檢討
2. 車輛與交通指揮活動檢討
3. 安全活動檢討
4. 現場環境清潔檢討
5. 結帳速度檢討
6. 換禮券速度檢討

Unit 13-9

某化妝保養品檢討分析「市占率衰退」及「精進改善」企劃案

一、國內市場市占率概況分析

二、市占率檢討
  1. 與去年同期市占率比較　2. 市占率衰退比率

三、市占率衰退原因分析
  1. 主要競爭對手品牌強大廣宣投入，成功搶占市占率：
   ①○○○品牌　②○○○品牌　③○○○品牌　④○○○品牌
  2. 新加入競爭對手品牌，加入戰局，分食市占率：
   ①○○○品牌　②○○○品牌
  3. 開架式化妝品的快速成長，分食市占率。
  4. 本公司自我因素的檢討：
   ①廣宣預算縮減因素　②缺乏新產品上市推出
   ③通路變化的影響　　④價格彈性不足的影響

四、今年下半年化妝保養品市場變化趨勢分析

五、今年下半年主力競爭對手行銷策略動向分析
  1. ○○○品牌行銷策略動向
  2. △△△品牌行銷策略動向
  3. □□□品牌行銷策略動向

六、今年下半年本品牌市占率回升對策說明
  1. 新產品上市推出策略及計畫
  2. 廣宣預算增編策略及計畫
  3. 通路因應策略及計畫
  4. 價格彈性策略及計畫
  5. 業務組織及品牌行銷組織人力變革計畫

七、本品牌市占率一年內回升目標與時間表
  1. 7~9月（今年第三季）：○○%
  2. 10~12月（今年第四季）：○○%
  3. 明年第一季：○○%
  4. 明年第二季：○○%

八、請求相關部門支援事項說明

九、結語與恭請裁示

Unit 13-10
某大連鎖便利商店自營品牌「現煮咖啡」年度檢討報告

一、業績檢討報告
1. 銷售量與銷售額與去年比較，成長○○%
2. 銷售量與銷售額與今年原訂預算比較，成長○○%
3. 今年各月分別實際銷售量及銷售額
4. 今年各縣市別實際銷售量及銷售額
5. 今年購買群消費輪廓分析

二、今年業績成長的原因分析
1. 外部的成長原因分析　　　　　　2. 內部的成長原因分析

三、今年現煮咖啡裝機店數成長分析
1. 今年各月別實際裝機店數及累積店數
2. 各年各縣市實際裝機店數及累積店數

四、今年裝機投入成本分析
1. 平均每台成本　　2. 累積總投入成本　　3. 平均折舊攤提

五、City Café行銷企劃活動檢討分析
1. 桂綸鎂代言活動成本效益分析
2. 柏靈頓寶寶熊贈品全店行銷活動檢討分析
3. 其他重要行銷廣宣活動效益檢討

六、City Café對毛利率、毛利額、獲利率及獲利額之年度貢獻分析

七、現煮咖啡競爭對手分析
全家、萊爾富及OK便利商店的實際裝機店數及銷售狀況列表分析。

八、明年度City Café營運目標
1. 新裝機店數目標：300店　　　2.總累積裝機店數目標：6,500店
3. 營收業績目標：120億元　　　4.毛利率目標：60%
5. 毛利額目標：24億元　　　　6. 行銷預算：○○億元
7. 淨利額目標：○○億元

九、明年度City Café行銷策略與計畫
1. 代言人策略與計畫　　　　　2. 全店行銷策略與計畫
3. 廣告宣傳計畫　　　　　　　4. 公關活動計畫

十、結語與裁示

Unit **13-11**

某大百貨公司年度「經營績效檢討」報告

一、去年度經營績效總檢討

　　1.營收業績達成800億元，較前年增加3%，但扣除併入○○百貨業績，還衰退1%。

　　2.獲利績效：去年達成○○億元，較前年減少5%。

　　3.EPS績效：去年達成4元，較前年減少5%。

二、去年度全省各分館經營績效總檢討

　　北區分館、中區分館及南區分館之各分館營收與損益績效列表分析及說明。

三、去年度營收業績成長趨緩原因檢討

　　1. 外部經營環境影響大

　　　①景氣低迷、消費不振　　　　②同業開店競爭加深

　　　③異業（日用品店、網路購物、電視購物及暢貨中心）競爭加深

　　2. 內部因素影響分析

四、去年度消費環境的變化趨勢分析

　　1.每月舉辦促銷活動是提升業績必要手段。

　　2.與名牌精品業者協商，降價也是必要手段。

　　3.忠誠顧客的消費，已成為支撐業績八成的重要來源，各行各業都在爭取及鞏固忠誠顧客的消費。

五、今年度面對的經營挑戰

　　1.強力競爭對手△△百貨公司將在臺北天母新開店，此將對本公司的天母店業績造成分食不利狀況。

　　2.低價網路購物日漸崛起，對本公司化妝保養品及居家用品的銷售產生不利影響。

　　3.異業不利的影響也加劇，例如：無印良品店、國外各種品牌服飾連鎖店愈開愈多。

　　4.全球經濟景氣依然低迷、失業率高、消費者保守，國內經濟成長率可能持續下滑。

六、今年度本公司的因應對策

　　1. 高雄左營店即將開幕，可挹注新營收來源。

　　2. 針對更多忠誠客戶設計各種促銷活動案。

　　3. 調整採購流程，統一由總公司採購，以降低成本。

4.加強內控體質之調整，展開降低成本專案。

5.要求國外各名牌精品供應商，採取打折促銷活動，以提升總體業績。

6.減少電視廣告費用，多利用報紙媒體公關報導，以降低廣宣費用。

7.堅持服務品質，保持第一品牌百貨公司連鎖店之領導地位。

8.導入顧客關係管理（CRM）系統，分別各不同的重要顧客層，展開差異化行銷對策。

9.整合集團資源與跨業合作運用效益，推展專業活動。

七、今年度本公司的營運目標

1.營收業績：挑戰658億元。　　2.營收成長率：較去年持續成長5%。

3.獲利額：挑戰○○億元，成長率○○％。

4.EPS：挑戰4.2元，成長率0.5%。

八、結語與裁示

Unit 13-12
某汽車公司董事會「調降」年度銷售量目標報告

一、今年上半年度國內汽車銷售市場現況分析

1.總體市場銷售衰退數據及狀況

2.各汽車品牌銷售衰退數據及狀況

3.衰退原因分析

二、今年下半年銷售情況的預測：持續低迷的評估分析及說明

三、本公司將調降原訂今年度銷售量營收、獲利目標與預算

1.下修銷售量：原訂15萬輛，下修到11萬輛，衰退26%。

2.下修營收額：原訂○○○億元，下修到○○○億元。

3.下修獲利額：原訂○○億元，下修到○○億元。

四、力保下半年無銷售衰退能減到最小幅度之因應對策說明

1.提升經銷商銷售戰力方面

2.加強促銷活動力方面

3.提升品牌廣告宣傳力方面

4.強化提升公益形象方面

5.推出下半年新款車型方面

五、結語

Unit 13-13
某資訊3C連鎖店年度「財務績效」未達成檢討報告

一、損益表分析報告
1. 今年營收額、營業成本、毛利、營業費用、淨利及EPS現狀檢討分析
2. 今年度與去年同期衰退比較分析　3.今年與預算達成率衰退比較分析

二、營收業績分析
1. 各縣市營收業績與去年同期及原訂預算衰退比較分析
2. 北、中、南、東四大區營收業績與去年同期及原訂預算衰退比較分析
3. 各類產品營收業績與去年同期及原訂預算衰退比較分析
4. 各月別營收業績與去年同期及原訂預算衰退比較分析

三、營業成本檢討分析
1. 今年度營業成本與去年同期及原訂預算比較分析
2. 各產品類別營業成本與去年同期及原訂預算比較分析

四、營業毛利檢討分析
1. 今年度營業毛利與去年同期及原訂預算比較分析
2. 各產品類別營業成本與去年同期及原訂預算比較分析

五、營業淨利檢討分析
1. 今年度營業淨利與去年同期及原訂預算衰退比較分析
2. 各產品類別營業淨利與去年同期及原訂預算衰退比較分析

六、EPS檢討分析
今年度EPS比去年同期及原訂預算比較分析

七、獲利衰退原因歸納分析
1. 外部環境景氣瞬間直線下滑及消費緊縮衝擊。
2. 營收衰退，達成率只達90%。
3. 促銷活動舉辦頻繁，產品售價下跌，使毛利率下滑，影響獲利率下降及獲利額衰退18%。

八、從財務績效衰退看明年度營運對策的建議
1. 暫緩展店速度，除非好地點開店外，其他一律暫緩，減少資本支出。
2. 全面要求全國200多家直營店之店租下降10%，以降低龐大的租金支出。
3. 精簡不必要的人力成本，包括內務人力及總公司幕僚人員成本，目標降10%。
4. 適度減少沒有效益的廣告宣傳費，改為直接賣場促銷活動。
5. 減少總部幕僚管銷費用，目標降10%。
6. 要求與上游供貨廠商談判，降低進貨成本至少3～6%，以提高毛利率。
7. 加強各店督導，要求對經營效益行銷活動及人力服務品質提升，以提升店效。
8. 針對虧損店面，展開門市店人力整頓工作，用人的問題從根本著手，

若仍無效，將評估關掉持續虧損的門市店。

　　9.即使業績衰退，但仍應要比競爭對手的衰退幅度為小，以確保市占率及通路品牌排名第一。

九、本公司與競爭對手的今年業績比較分析

　　1.本公司與燦坤及順發3C前三大通路品牌的業績比較分析
　　2.前三大通路品牌業績衰退概況分析說明

十、結語與裁示

Unit 13-14
某衛生棉品牌提升市占率之「行銷績效成果」報告

一、本品牌近半年來市占率提升之數據分析

　　1.今年1～6月，本品牌銷售量、銷售額、市占率、品牌地位排名分析
　　2.其他品牌市占率排名變化分析
　　3.本品牌市占率提升之地區性分析（北、中、南區）
　　4.本品牌市占率提升之消費族群輪廓分析
　　5.本品牌市占率提升之銷售通路分析

二、本品牌市占率躍升到第二名，進逼第一名之原因分析

　　1.第一品牌廣告投資轉趨保守，使品牌曝光量減少，致使銷售下滑。
　　2.本品牌產品重新包裝設計，拉攏年輕女性族群的距離，使業績明顯突破成長。
　　3.本品牌在「護墊」產品成長迅速，已成此產品之市占率第一。
　　4.行銷策略訴求衛生升級的弱酸性護墊為主力，並找醫生及護士背書。持續教育消費者使用升級型的產品，不只是價格低，才能有效維持新鮮感。
　　5.採用「情境行銷法」，業績獲得突破。
　　6.適度的廣告投入量及廣告曝光度所致。

三、今年下半年的行銷策略說明

　　1.廣告CF表現手法及廣告投入量方面之規劃說明
　　2.在廣編特輯表現手法及廣告投入量方面之規劃說明
　　3.產品力的持續改革及精進之規劃說明
　　4.賣場（店頭）行銷之規劃說明
　　5.網路行銷與年輕族群之規劃說明
　　6.品牌避免老化之因應對策方針說明
　　7.鞏固忠誠消費者之會員經營部門成立說明
　　8.第二品牌及多品牌行銷之可行性評估
　　9.下半年Event行銷活動之規劃說明

四、預計下半年市占率再提升之目標百分比及排名預估

五、結語與恭請裁示

Unit 13-15

某進口橄欖油公司「年度業務檢討」報告

一、去年度業績總檢討

1. 去年度營收業績與前年度比較，成長○○％
2. 近五年來營收業績成長趨勢圖
3. 去年度各通路別營收業績及價格分析
   ①百貨公司附屬超市　②量販店　③連鎖超市　④地區超市
   ⑤食品加工廠客戶
4. 去年度業績成長的原因分析
   ①產品線增加因素　②通路據點增加因素　③品牌忠誠度漸形成
   ④品牌口碑佳、顧客滿意度高　⑤健康意識已深入消費者心中
   ⑥北部地區銷售成長高於中南部地區

二、本公司橄欖油品牌與其他同業競爭品牌之比較分析

1. 前五大知名橄欖油品牌及市占率比較分析
2. 本公司的競爭優勢點及可再加強點
3. 主力競爭對手的作為分析及威脅分析

三、國內橄欖油市場的前景與成長性

1. 近五年橄欖油市場的銷售地權
   ①國內本土品牌：○○億元；占○○％
   ②國外進口品牌：○○億元；占○○％
2. 未來橄欖油市場成長的空間及原因分析
   ①預計向上成長空間：○○億元　②成長的原因分析

四、未來（今年度）本公司橄欖油業務成長計畫

1. 通路據點持續擴大鋪貨。
2. 與大型通路零售商舉辦促銷活動週。
3. 持續多品牌橄欖油策略，擴大產品線。
4. 加強媒體公關報導，以提升本公司及代理品牌的知名度及形象度。
5. 塑造進口橄欖油第一品牌的領導氣勢。
6. 堅持國外原廠高品質、高附加價值的定位精神。
7. 因應全球景氣低迷，預防國內本土橄欖油及若干進口品牌之低價搶客戶競爭，可向國外原廠爭取報價降價，然後反應在國內市場的調降售價，以加強價格競爭力。
8. 評估在達到規模組織銷售量後，將盈餘中提撥一定比例，作為未來投入電視廣告，以打造品牌知名度之用。

五、結語與裁示

Unit 13-16
某中小型貿易代理商「業績無法突破」檢討報告

一、近三年來本公司業績停滯數據分析表

1. 第一年：營收額○○千萬元，虧損○○百萬元。
2. 第二年：營收額○○千萬元，虧損○○百萬元。
3. 第三年：營收額○○千萬元，虧損○○百萬元。
4. 合計：三年來虧損○○千萬元。

二、累虧原因分析

1. 從財務面分析：
   ①營收額偏低　②業績未明顯成長　③毛利額無法Cover管銷費用
2. 從營業面分析：
   ①通路據點仍不足　　②通路經銷商不夠強　③產品品牌知名度低
   ④產品品牌仍偏少　　⑤定價偏高　　　　　⑥沒有廣告支持
   ⑦營業組織戰力仍弱　⑧缺乏行銷企劃人員支援　⑨產品組合不足

三、未來改善的對策

1. 通路對策：
   ①以優惠條件爭取更多全國性優良經銷商。
   ②加速擴大零售通路的全面上架。
2. 廣宣對策：
   ①成立行銷企劃部，增聘三名員工。
   ②今年提撥廣告費3,000萬元，以公車廣告、蘋果日報報紙廣告及促銷抽獎活動為主軸，希望提升本公司產品品牌知名度，以利銷售。
3. 定價對策：爭取向海外公司要求產品出口價格下降一成的目標，以利國內銷售價格也調降一成。
4. 產品對策：增加產品組合的形成，積極要求海外公司的配合。
5. 業務組織對策：
   ①業務部門組織重新改組，並同時擴增北、中、南業務人員各一名。
   ②修正業績獎金制度，以發揮更大激勵效果。

四、本公司產品仍具有的優勢

1. 產品品質佳，整體產品力並不比現在的領導品牌差。
2. 海外原廠公司是當地國知名廠商，可以善加利用及宣傳。
3. 消費者並不排斥國外品牌。

五、各項重大改善對策分工表的要求完成時程表

六、預計未來三年業績及虧損改善後的數據分析表

1. 未來三年（第4年至第6年）的損益表分析
2. 轉虧為盈的原因分析
3. 業績挑戰的三年新目標

七、結論與裁示

Unit **13-17**

某餐飲連鎖店加盟總部面對市場景氣之「因應對策」報告

一、近期加盟店業績下降狀況

1. 全國平均每店業績下降狀況
2. 北、中、南、東四區業績下降狀況
3. 業績下降的主要原因分析

二、加盟店業績下降對本公司（加盟總部）帶來的不利影響分析

1. 解約退店（關店）數量較過去月平均數顯著增加
2. 要求每月加盟金下降
3. 預估關店增加，對公司年度營收及獲利帶來減少的影響評估說明

三、同業關店及業績下降狀況的比較分析

1. ○○○品牌同業狀況說明
2. △△△品牌同業狀況說明

四、本公司的因應對策

1. 下修今年擴店店數目標：從淨增加50店，縮減為淨增加25店。其中，預估新開店50家，關店25家，故淨增加25店；放緩擴店腳步。

2. 業務部加強動員既有加盟店的輔導支援措施，避免關店數持續擴增，先穩住既有的經營體質，能夠持續開店經營。

3. 商品開發部加速研發新口味及新特色的餐飲產品，以增強加盟店商品組合力，以利銷售。

4. 行銷企劃部加速推動大型促銷活動及全店行銷活動，以帶動來店消費買氣。

5. 特別撥發1,000萬元電視廣告預算，希望在不景氣時逆勢而為，提振品牌知名度及使用度，累積品牌資產。

6. 教育訓練部加速對加盟店長及人員的充分培訓等，以加強加盟店的經營力、區域行銷能力，以及顧客滿意度。

7. 緊急成立「反擊市場不景氣作戰小組」的專案分工組織（如附表），直到不景氣結束時。

五、本公司因不景氣而下修調整年度損益表預算說明

六、結語與裁示

Unit **13-18**
某服飾連鎖店公司「年終營運檢討」報告

一、營收業績檢討

1. 全年公司總營收與去年比較分析
2. 今年度實際營收額與原訂預算比較分析
3. 平均每店營收實際與預算比較分析

二、獲利績效檢討

1. 今年獲利狀況與去年比較分析
2. 今年獲利與原訂預算比較分析
3. 平均每季獲利實際與預算比較分析

三、地區績效檢討

1. 全國北、中、南三區營收業績與實際及原訂預算比較分析
2. 全國北、中、南三區獲利貢獻占比分析
3. 全國獲利績效前十名門市店列表分析

四、與競爭同業績效檢討

1. 與競爭同業績效檢討
2. 與競爭同業營收額及市占率比較分析
3. 與競爭同業門市店比較分析

五、行銷活動檢討

1. 行銷預算實際支出與原訂預算比較分析
2. 行銷預算支出占總營收額比例分析暨其與去年度占比比較分析
3. 行銷預算支出項目之效益檢討分析
   ①電視媒體廣告費
   ②平面媒體廣告費
   ③媒體公關報導費
   ④活動舉辦費
   ⑤促銷舉辦費
   ⑥公車廣告費
   ⑦戶外看板廣告費
4. 品牌知名度與品牌好感度提升狀況檢討

六、展店績效檢討

1. 實際展店數與預計目標展店數比較分析
2. 同業展店數比較分析
3. 今年度新開店數經營績效綜述

七、費用控制績效檢討

1. 今年總費用支出與原訂預算及去年度之比較分析
2. 今年各項費用支出占比分析及其與去年比較分析
3. 今年各項費用支出與原訂預算比較分析

八、採購成本與庫存控制績效檢討

1. 降低採購成本績效檢討分析
2. 今年總庫存金額與原訂預算及去年度之比較分析
3. 今年庫存周轉率與去年比較分析
4. 今年進、銷、存作業控管成效分析

九、人力績效檢討

1. 今年平均每位員工創造的營收額及獲利額
2. 本公司人力總數與同業比較分析

十、綜合檢討結論與明年度應行加強改善的方向與對策

1. 財務績效面
2. 費用成本控制績效面
3. 庫存控制績效面
4. 人力運用績效面
5. 行銷活動績效面
6. 展店績效面

十一、結語與裁示

Unit 13-19
某量販公司去年度「營運績效總檢討」報告

一、全公司去年度營運績效總檢討

  1. 營收達成績效　　　　　　2. 獲利達成績效

  3. 店數達成績效　　　　　　4. 自有品牌事業達成績效

  5. 管銷費用率達成績效　　　6. 毛利率達成績效

  7. 服務滿意度績效　　　　　8. 產品效益分析

  9. 媒體公關效益分析　　　 10. 促銷活動效益分析

  11. 與上游供應廠商採購作業分析

二、本公司去年度各種營運績效指標與競爭對手比較分析及優缺分析

  1. 財務績效面比較分析

  2. 營業績效面比較分析

  3. 服務績效面比較分析

  4. 廣告、公關、促銷行銷績效面比較分析

  5. 供應廠商績效面比較分析

三、本公司全省各分店營運績效總檢討

  1. 北、中、南三大區域總檢討

  2. 各店營運績效總檢討

四、去年度量販店市場、環境變化總檢討分析

  1. 法令環境分析　　　　　　2. 競爭者環境分析

  3. 消費者環境分析　　　　　4. 供應廠商環境分析

  5. 自有品牌環境分析　　　　6. 流通業互跨競爭環境分析

五、去年度店內各大類產品線營運狀況分析

  1. 各產品線營收、毛利、獲利貢獻占比分析

  2. 各產品線銷售量成長或衰退分析

  3. 各產品線採購狀況分析

六、總結論與得失分析

七、未來新年度應努力改革與進步的基本方向及作法原則說明

八、結語與恭請裁示

第 **14** 章

十三個經營企劃案

章節體系架構 ▼

Unit 14-1　某咖啡連鎖店「大舉展店」營運企劃案

Unit 14-2　某飲料公司茶飲料挑戰「年營收100億元」營運企劃案

Unit 14-3　國內某大型3C流通連鎖店「新年度經營企劃案」

Unit 14-4　某大型便利商店「新年度營運企劃案」

Unit 14-5　某大型汽車銷售公司「新年度經營企劃案」

Unit 14-6　某第一大咖啡連鎖公司「今年度經營企劃案」

Unit 14-7　某飲料公司分析茶飲料「未來三年發展策略」報告

Unit 14-8　某國產漢堡連鎖店「進軍中國大陸市場」策略規劃案

Unit 14-9　某藥妝連鎖店開發面膜「自有品牌產品企劃案」

Unit 14-10　某大便利商店連鎖店未來三年「中期經營願景」計畫案

Unit 14-11　臺灣面膜市場商機分析報告

Unit 14-12　某餐飲集團引進日本厚式炸豬排飯「投資企劃」報告

Unit 14-13　某藥妝連鎖店今年「力拼兩位數成長」營運計畫案

Unit 14-1
某咖啡連鎖店「大舉展店」營運企劃案

一、展店總目標：五年內，總店數預達500家，營收額也要倍數成長。

二、經營大環境變化分析

  1. 加盟咖啡連鎖的競爭變化　2. 便利商店及其他業種販售咖啡的競爭變化
  3. 店面及店租未來競爭變化的分析　4. 市占率趨勢變化的影響因素分析
  5. 消費者消費行為趨勢的變化分析　6. 集團總部的發展及發展性之要求
  7. 小結：展開更靈活的展店策略，以面對大環境改變，啟動「500大展店計畫」。

三、展店策略與計畫大概說明

  1. 店面坪數（店型）的多元化展店策略計畫：包含有①目前的百坪中型店；②小型店（辦公大樓內的小型咖啡吧），以及③大型店（100～200坪，附設停車場，提供全方位服務景觀餐廳）等三種店型展店計畫。

  2. 加快風景區展店計畫，目前已有12家，配合集團強大配送能力，將可解決偏遠風景區配送問題。

  3. 未來五年店數目標進展：預計今年底為300家；2023年為400家；2024年為450家；2025年為500家。

  4. 營收額目標：預計今年達50億元，2025年達70億元。

  5. 但仍需人力分配計畫：至少200位店長及20位區經理的人力需求，並有助內部人力晉升。目前員工2,000人，五年後達4,000人。

  6. 500展店全省各地區分配店數及占比：北部：〇〇店，占〇〇%；中部：〇〇店，占〇〇%；南部：〇〇店，占〇〇%，以及東部：〇〇店，占〇〇%。

  7. 展店所需裝潢資金預估：〇〇〇〇〇萬元。

  8. 展店專賣小組組織架構分工職掌及人員配置說明。

  9. 展店進程表及重點工作事項說明。

  10. 展店的店面租金洽談政策及原則，彈性對策說明。

四、為求獲利成長，本公司嘗試走向多角化經營

  1. 販賣與本品牌形象連結的商品，例如：音樂CD、書籍等。
  2. 外帶飲食商品及季節節慶產品。

五、500大展店計畫，須請公司各部門協力事項說明

六、500大展店計畫，須請次流通集團相關公司協力事項說明

七、500大展店計畫，預估五年期各年度損益表概估及工作底稿說明

八、結語：500大展店計畫的戰略性意義說明

九、恭請裁示

Unit 14-2
某飲料公司茶飲料挑戰「年營收100億元」營運企劃案

一、去年營收額首度突破90億元

　　1. 去年三大品牌及其他小品牌營收額列表說明。
　　2. 全國北、中、南三區營收額分布列表說明。
　　3. 三大茶飲料品牌達成業績：即〇〇〇、□□□及△△△等茶飲料品牌分析。

二、今年營收額挑戰100億元目標之行銷策略主軸

　　1. 釐清旗下三大主力品牌之定位訴求及目標客層列表區隔策略。
　　2. 全可導入「全包材」品項策略：預估在新包材加入下，使整體業績將有10%成長。

①〇〇〇系列	②□□□系列	③△△△系列
過去：以「鋁箔包」材為主力。 今年：將導入「新鮮層」及「保特瓶」之包材。	過去：以「保特瓶」及「新鮮屋」包裝為主力。 今年：將導入「鋁箔包」之包材。	左述三種包材均補齊導入。

　　3. 發展升級版茶飲料，並提高售價策略：包含有①選定具有特色冠軍比賽的紅茶、綠茶、烏龍茶與高山茶等，朝發展升級版的〇〇〇、□□□與△△△之茶飲料，以及②逐步提高部分售價攻入高價茶飲料之新市場空間。
　　4. 預定今年度內，再隆重推出一個茶飲料新品牌，傾全力打響第四個主力茶飲料品牌（另案規劃上呈）。
　　5. 持續加碼投入行銷預算，以鞏固市場第一品牌地位：包含有①視營收額之成長，相對加碼投入廣宣、促銷及公關事件活動，不斷累積品牌印象及品牌忠誠，以及②堅定三大茶飲料品牌的品牌定位、品牌精神及品牌個性。
　　6. 業務部及各區經銷商人員加強督導店頭行銷及賣場布置。
　　7. 對關係企業之賣場及超商，持續加強資源整合及互利行銷與合作促銷之舉辦。

三、達成100億挑戰目標之獎金發收

　　1. 飲料事業群全體員工之獎金發放辦法（另案上呈）。
　　2. 經銷商之獎金發放辦法（另案上呈）。

四、請求各相關部門支援事項

　　1. 研究所支援事項　　　2. 生產部門支援事項　　　3. 流通部門支援事項
　　4. 廣告發稿部門支援事項　5. 財會部門支援事項　　6. 採購部門支援事項
　　7. 其他部門支援事項

五、結語與恭請裁示

Unit 14-3

國內某大型3C流通連鎖店「新年度經營企劃案」

一、國內3C流通連鎖店市場總回顧與前景分析

　　1. 市場總規模現況與未來成長預測

　　2. 主要五大競爭者市占率與競爭實力比較分析

　　3. 供應商環境變化分析

　　4. 3C產品與價格變化分析

　　5. 消費者購買3C產品消費行為變化分析

　　6. 3C流通市場的問題點與機會點分析

二、本公司策定未來三年發展總基調、總定位、總Slogan訴求、總目標達成數、總願景說明及總競爭策略

三、本公司今年度營運目標說明

　　1. 展店數總目標

　　2. 營收額總目標

　　3. 獲利額總目標

　　4. EPS總目標

　　5. 市占率總目標

　　6. 中國大陸展店數總目標

四、本公司今年度營運計畫說明

1. 展店計畫（直營店、大型店）	2. 商品開發與採購計畫
3. 人力招募與訓練計畫	4. 廣告宣傳計畫
5. 會員制經營計畫	6. 維修服務計畫
7. 與供應商合作計畫	8. 資訊系統計畫
9. 配送服務到家計畫	10. 每季主題行銷活動計畫
11. 週年慶活動計畫	12. 年終感謝祭活動計畫
13. 庫存控制與管理計畫	14. 店面資金管理計畫
15. 財務融資配合擴張計畫	16. 組織架構改造計畫

五、未來三年損益表預估

六、結語與裁示

Unit 14-4
某大型便利商店
「新年度營運企劃案」

一、去年度績效報告

　　1.店數績效分析：包含有①去年度擴店績效成長分析；②去年度整體業界及各家擴店成長比較分析，以及③去年度總店數、地區別、平均店數別之營收及獲利分析。

　　2.去年度新品上市績效分析：包含有①自有品牌（新品）上市績效分析；②採購新品上市績效分析，以及③新品上市之營收與獲利占全部產品營收與獲利之比例分析。

　　3.去年度全部商品績效分析：包含有①各大類商品及各小類商品銷售額及銷售量占比分析與排名分析；②全部商品項目銷售額及銷售量占比分析與排名分析，以及③各大類、各小類、各商品項目之獲利貢獻分析。

　　4.去年度主題行銷活動檢討分析：包含有各主題行銷活動投入成本與效益帶動分析檢討。

　　5.去年度廣告媒體宣傳投入成本與效益分析檢討。

　　6.去年度採購分析檢討：包含有①去年度採購成本率下降分析，以及②去年度採購效率改善分析。

　　7.去年度公益活動與公共事務投入成本與效益分析檢討。

　　8.去年度資訊連網建置檢討：包含有①內部資訊網路；②與外部供應商連結資訊網路，以及③與各店資訊網路連結。

　　9.去年度跨部門重大專案推動成效分析檢討。

二、今年度經營企劃報告

　　1.全省及各地區擴店業務目標、時程及成本預算。

　　2.新品上市預計目標數及占比。

　　3.各類商品數結構比調整、營收比調整及獲利比調整之目標。

　　4.今年預計主題行銷活動之項目、預算、時程與效益預估。

　　5.今年度廣告媒體宣傳預算、分配、時程與效益預估。

　　6.今年度採購成本下降目標、時效與效益。

　　7.今年度公益活動與公共事務活動預算項目、時效與效益預估。

　　8.今年度資訊網路建置計畫項目、預算、時程及效益。

　　9.今年度跨部門重大專案推動預計項目、預算、時程及效益。

　　10.今年度各季、各月、全年損益預算及EPS預估。

　　11.今年度市場占有率目標。

三、今年度總體發展策略方針、重要政策及重大目標之說明

四、結語

Unit **14-5**
某大型汽車銷售公司「新年度經營企劃案」

一、去年度營業績效總檢討
　1. 通路（經銷商）業績檢討
　　①北區經銷商總檢討
　　②中區經銷商總檢討
　　③南區經銷商總檢討
　2. 廣告績效檢討
　　①廣告預算支出與成效檢討　　　②促銷預算支出與成效檢討
　3. 車款別績效檢討
　　①新款車業績檢討　　　　　　　②舊款車業績檢討
　4. 總公司業務部門業績檢討
　　①業務一處業務檢討　　　　　　②業務二處業務檢討
　5. 各主力車廠業績比較分析檢討

二、今年度營業目標與營業計畫
　1. 今年度營業目標預算
　　①總營收目標預算　　　　　　　②總銷售車輛數目標預算
　　③各區經銷商銷售目標預算　　　④總公司業務部門銷售目標預算
　　⑤各車款別銷售目標預算
　2. 今年度行銷推廣費用預算
　　①廣告媒體費用預算　　　　　　②市場調查與研究費用預算
　　③促銷活動費用預算　　　　　　④業務獎金費用預算
　　⑤公關公益活動費用預算　　　　⑥通路獎勵費用預算

三、今年度通路（經銷商）布建規劃與管理
　1. 通路教育訓練規劃　　　　　2. 通路資訊系統建置規劃
　3. 通路販促活動支援規劃　　　4. 通路顧客滿意支援計畫
　5. 通路維修零件支援規劃　　　6. 通路業績目標達成支援規劃
　7. 通路調整與布建規劃　　　　8. 通路組織架構及人力分布圖表

四、結語
　1. 今年度營運發展的重要策略與重點計畫
　2. 今年度預算目標達成的全體動員

Unit 14-6
某第一大咖啡連鎖公司「今年度經營企劃案」

一、成立五年來經營績效檢討

    1. 店數成長分析

    2. 營收成長分析

    3. 來客數成長分析

    4. 客單價成長分析

    5. 坪數成長分析

    6. 損益改善成長分析

    7. 市場排名成長分析

    8. 品牌形象成長分析

二、去年度（第五年）正式轉虧為盈原因分析

    1. 店數及營收額均達規模經濟基礎點

    2. 控制成本有成果

三、今年度重點工作計畫說明

    1. 業務計畫

        ①店數成長目標計畫

        ②坪數提升計畫

        ③客單價提升計畫

        ④來客數提升計畫

    2. 績效計畫

        ①營收成長目標計畫

        ②獲利成長目標計畫

    3. 組織架構與人力配置調整計畫

    4. 各店人員教育訓練

    5. 店租金成本下降推展計畫

    6. 明年上市上櫃承銷輔導計畫展開

    7. 品牌宣傳與營造計畫

    8. 與流通集團關係企業整合計畫

四、配合美國授權公司合作重點事項說明與增加股權比例之分析

五、中國大陸拓增據點計畫概述

六、結語與裁示

Unit **14-7**
某飲料公司分析茶飲料「未來三年發展策略」報告

一、180億茶飲料市場現況分析

　　1.近五年茶飲料市場銷售成長趨勢分析

　　2.近五年各式茶飲料（綠茶、烏龍茶、高山茶、紅茶、奶茶等）銷售成長趨勢分析

　　3.今年及去年前十六茶飲料品牌市占率及營收業績比較分析

二、前三大茶飲料大廠競爭力及競爭優勢綜合比較分析

三、茶飲料消費市場未來趨勢及方向預測分析

　　1.消費者端

　　2.茶葉供應商

　　3.競爭品牌對手

四、本公司過去三年發展茶飲料的成果分析

　　1. 本公司近三年各品牌茶飲料業績成長狀況

　　2. 本公司茶飲料品牌市占率成長狀況

　　3. 本公司茶飲料品牌於整體營收額及獲利額整體占比逐年提升的狀況

　　4. 茶飲料於本公司整體氣勢、形象及業務帶來綜效之助益狀況

五、本公司未來三年發展茶飲料的基本策略說明

　　1.本公司定位在飲料專業廠，此為本公司核心競爭力。

　　2.本公司茶飲料系列產品是本公司未來三年持續成長的第二條生命線。

　　3.本公司最強品牌「〇〇〇」將會朝多品牌發展。

　　4.健康、精緻、高附加價值及機能性，將是本公司發展茶飲料的核心訴求重點。

　　5.持續加強對全省具特色茶園、長期契作、茶園管理、茶葉檢驗等品質管控機制之落實。

　　6.持續爭取冠軍茶來源的掌握及簽約。

　　7.朝發展「高價茶」定價策略及商品策略之推進。

　　8.針對不同年齡族群，發展區隔化茶飲料，以持續擴張成長。

　　9.與日本茶飲料第一品牌大廠，展開各項策略聯盟合作方案。

　　10.塑造茶飲料領導品牌及企業形象之具體作法。

　　11.持續投入行銷廣告預算，累積品牌形象。

六、總結論

七、討論與裁示

Unit 14-8
某國產漢堡連鎖店「進軍中國大陸市場」策略規劃案

一、首選進軍大陸市場地區：廈門市

本公司進軍大陸據點，將選定廈門市，主要原因分析如下：1.廈門人的生活習慣及米漢堡飲食與臺灣、金門十分接近，以及2.在廈門人接受本公司產品後，透過品牌知名度建立，本公司將會繼續在華南各省市招兵外，也將向華東上海地區再進軍。

二、新公司投資架構

1.新公司名稱：○○○漢堡廈門公司。　2.資本額：暫定○○千萬元。
3.持股比例：本集團70%，日本○○公司持股30%。4.投資架構：經本公司在香港○○公司再轉投資到廈門公司。5.預定完成日期：今年○○月完成申設公司及資金到位。

三、三年內經營目標

將複製臺灣地區既有150家連鎖店的經營模式，預計在廈門地區三年內達成：①直營店展店目標：廈門市30家、華南地區150家，以及②營收額目標：至少30億元以上，超越臺灣地區營收額。

四、人力資源準備

1.初期將派遣一個十人臺灣員工小組赴廈門籌備，包括總經理一人及財會人員、展店業務人員、店長、採購人員等小組成員。
2.其他店內員工將以在當地聘用為主。
3.廈門當地員工將一律要求返回臺灣接受國內的教育訓練及見習，為期一週。

五、本公司拓展大陸市場的專案小組組織表及人員分工配置表

六、進軍廈門市場的工作時程進度表

七、預計今年○○月正式在廈門成立二家直營店

1.東渡碼頭店　2.廈門大學店

八、廈門米漢堡市場規模產值與現況分析

九、本公司在廈門市場贏的競爭優勢分析

1. 本公司在臺灣本土品牌位居第一位，若加計麥當勞外商品牌在內，亦居第二知名品牌。
2. 本公司米漢堡產品口味及品質水準，經試吃調查比較顯示，本公司產品完全不輸廈門現有競爭同業。
3. 本公司在臺灣地區有150多家連鎖店，其操作營運Know-How已完全成熟，可迅速複製到大陸市場，馬上可以上手，營運無礙。
4. 在政治局勢方面，兩岸已大三通，雙方經貿及旅遊往來更加緊密，時機正好。
5. 本公司為集團化經營，具有正規集團軍作戰與良好的企業形象，並非中小企業式的臺商。
6. 米漢堡食材均從臺灣地區運送支援，具有品質保證的優勢。

十、結語與裁示

Unit **14-9**
某藥妝連鎖店開發面膜「自有品牌產品企劃案」

一、面膜市場商機分析

1.國內面膜市場規模達30億元,占整體保養品市場120億元的1/4強。

2.國內屈臣氏今年度面膜銷售量達1,200萬片,康是美達750萬片,合計近2,000萬片。

3.在藥妝店購買保養品的顧客,平均每五人就有一人會購買面膜。

4.在藥妝店購買面膜產品與乳霜產品,在總銷售排行榜均名列第一位。

二、面膜產品對本連鎖店的貢獻分析

1.今年度預計可創造○○○億元營收額,占總營收比例為○○%,占保養品類營收比例為○○%。

2.今年度面膜產品平均毛利率為○○%,預計可創造○○○千萬元毛利額。

3.今年度購買面膜總顧客人數達○○百萬人次,扣除重複購買的同一顧客人數,合計總購買顧客人數達○○百萬人。

三、本連鎖店銷售面膜供應商與品牌概況分析

1.國內供應商及供應品牌營運概況分析。2.國外供應商及供應品牌營運概況分析。

四、本公司明年度預計開發自有品牌面膜產品計畫註明

1.預計委外代工工廠對策概況說明:包含有①工廠研發能力;②工廠製造能力;③工廠品質能力;④工廠信譽能力,以及⑤工廠配合能力。

2.預計推出面膜類型:美白面膜。

3.款式:預計推出10款全新概念面膜。

4.訴求:強調「複方」及「功效all in one」。

5.上市時程:明年春季(4月)。

6.促銷活動Slogan:「面膜大賽:夏日淨白新主張」。

7.預計訂購量:採每月下單一次,明年4～12月預計訂購數量表。

8.代工製造成本估算:包含有①各項成本及總成本估算,以及②單片成本估算。

9.單片售價暫定目標價。

10.單片毛利率及毛利額預估。

11.明年度(4～12月)預計銷售量及銷售額列示。

12.明年度(4～12月)預計面膜損益(盈虧)概況列示。

13.自有品牌面膜開發及上市行銷專案小組組織表及人員分工配置表列示。

五、本公司開發自有品牌面膜產品的未來三年中期計畫方針與主軸策略註明

六、結語與裁示

Unit 14-10
某大便利商店連鎖店未來三年「中期經營願景」計畫案

一、中期經營目標設定

　　當前受全球經濟不景氣影響之際，正是24小時便利商店擴大經營規模之佳機，未來三年內本公司中期經營目標之主軸為：1.逆勢加碼投資40億元；2.新開店數500家，總店數6,000家，以及3.年營收額挑戰1,600億元。

二、經營大環境深度分析與評估

　　1. 當前總體財經環境與消費環境分析　2.本產業環境與市場環境趨勢分析
　　3. 競爭對手現況與未來趨勢分析
　　4. 國外（日本為主）相同產業及領導品牌現況及未來趨勢分析
　　5. 國內跨業競爭變化趨勢分析
　　6. 總結：國內發展環境的有利與不利因素綜合分析

三、對未來經營觀點與經營信念的基調

　　利用不景氣時機，更是逆勢成長與培養競爭實力的最佳良機。

四、加速展店的主軸策略與計畫說明

　　1.不景氣時期，更多好店面釋出（求租求售），是大環境的有利時機點。
　　2.未來三年展店目標：淨增加店數500家。
　　3.預計投資額：40億元。
　　4.展店地區比例：新竹以北的店，占約65%；新竹以南的店，占約35%。故仍以人口集中度較高及消費力較好的北部地區為主力展店地區。
　　5.店型改變：包含有①依據各商圈特性，進行不同的銷售與商品規劃，以及②便利商店未來走向，將朝「競爭型賣場為爭戰導向」。
　　6.展店組織與人力擴編計畫表。
　　7.各年度、各縣市具體展店目標數據列表控管考核。
　　8.展店作法：包含有①各地區展店招商說明會舉辦計畫說明；②全國性電視媒體與報紙媒體廣告宣傳計畫說明，以及③其他相關作法說明。
　　9.展店加盟金、授權金及利潤回饋比例調整改變，以增強展店誘因說明。
　　10.對展店業務部門達成計畫目標之獎金鼓勵辦法內容說明。

五、預計三年後，國內四大便利商店連鎖店之總店數及市占率排名列表預估

六、預估三年後，達3,000家總店數時之年度損益表估算

　　1. 年營收額達○○○億元
　　2. 年獲利達○○億元
　　3. 年EPS達○○元

七、結語與裁示

Unit 14-11
臺灣面膜市場商機分析報告

一、臺灣面膜市場總產值分析

　　1. 面膜總生產量分析

　　2. 面膜總銷售量與銷售額分析

二、臺灣面膜市場產業價值鏈分析及成本結構分析

　　1. 面膜上、中、下游產業結構分析

　　2. 面膜主力生產業者分析

　　3. 面膜成本結構分析

三、臺灣面膜市場主要競爭對手分析

　　1. 前三大面膜品牌競爭力分析

　　2. 零售商自有品牌面膜競爭力分析

四、臺灣面膜行銷通路結構分析

　　1. 開架式通路　　　　　　　　2. 電視購物通路

　　3. 網路購物通路　　　　　　　4. 專櫃通路

　　5. 其他通路

五、臺灣面膜產品類型與占比結構分析

　　1. 紙面膜與非面膜

　　2. 美白型面膜與其他型面膜

六、臺灣面膜價格結構分析

　　1. 高價面膜

　　2. 低價面膜

　　3. 中價位面膜

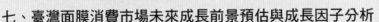

七、臺灣面膜消費市場未來成長前景預估與成長因子分析

八、臺灣面膜使用者（消費者）結構分析

九、臺灣面膜市場行銷策略與商機分析

十、本公司面對臺灣面膜商機的因應對策建議

　　1. 製造（委製）策略　　　　　2. 產品規劃策略

　　3. 定價規劃策略　　　　　　　4. 通路規劃策略

　　5. 推廣規劃策略　　　　　　　6. 預計上市日期策略

Unit 14-12
某餐飲集團引進日本厚式炸豬排飯「投資企劃」報告

一、本案緣起

二、日本厚式炸豬排飯○○○餐飲連鎖店公司參訪結果報告

1. 該公司背景與營運現況簡介　　2. 該公司產品組合及特色分析
3. 該公司的通路策略及發展現況　　4. 產品定價策略
5. 產品成本結構及獲利概況　　6. 該品牌在日本同業市場的排名地位
7. 該產品食材來源分析　　8. 該產品供應現煮作法及要訣分析
9. 該連鎖店的主要客群分析
10. 該連鎖店損益平衡點的來客數及營業額分析
11. 該公司願意提供技術合作的條件　→　12. 參訪總結與建議

三、引進臺灣市場的可行性評估

1. 臺灣餐飲市場類型發展與趨勢分析
2. 臺灣日式餐飲市場分析：包含有①市場規模值；②主要業種；③主要參與公司經營組織；④主要顧客群分析，以及⑤未來可以介入的利基市場與空間。
3. 可行性評估要點：包含有①市場空間可行性；②目標客層可行性；③競爭現況可行性；④產品製作技術可行性；⑤食材來源可行性；⑥資金需求可行性，以及⑦經營人才可行性。

四、成立○○○品牌餐飲連鎖店初步投資企劃方向說明

1. 新品牌名稱：日式「○○○」品牌。
2. 產品定位（品牌定位）：平價、優質及日式口味。
3. 價格：每餐200～250元的價位。
4. 目標客層：上班族群（25～40歲）
5. 產品組合餐：計五種主力餐選擇。
6. 預計直營店數　→　第一年：3家；第二年：累計8家；第三年：累計15家；第四年：累計20家；第五年：累計30家。
7. 預計投資金額（資金需求）：前三年資金需求○○千萬元。
8. 餐飲技術來源：第一年由日本○○公司派廚師指導支援。
9. 食材來源：區分為臺灣本地及日本進口兩個部分。
10. 預計第一家直營店開店時間：今年8月初（6個月後）。
11. 籌備專案小組組織表及人力分工表。
12. 第一家店預計開設地區：臺北市大安區敦化南路辦公大樓巷道區。
13. 店面設計風格、員工服裝風格：參仿日本○○連鎖店的日式裝潢風格。
14. 每店營收額預估（第1個月～第12個月）。
15. 每店損益平衡點預估。
16. 每店獲利時間點預估。
17. 第一年到第三年：全部店數之損益表預估。

五、結論與裁示

Unit 14-13
某藥妝連鎖店今年「力拼兩位數成長」營運計畫案

圖解企劃案撰寫

一、近三年營收業績與獲利成長的概況說明

　　1. 營收成長概況　　2. 獲利成長概況

二、去年整體環境深入分析

　　1. 經濟環境　　2. 消費環境　　3. 競爭環境

三、本公司面對今年的SWOT條件分析

　　1. 本公司的相對性強項與弱項

　　2. 本公司面對外部環境下的新商機與潛在威脅

四、朝二位數成長的各種經營與行銷對策說明

　　1.持續展店策略與計畫說明：

　　①去年全臺總店數已達271店，今年將突破300店。

　　②展店計畫數量目標：北、中、南、東四大區塊負責展店數量目標為○○店、○○店、○○店、○○店。

　　③展店組織與人力加強計畫。

　　2.增強主題行銷與促銷活動之舉辦：研訂年度12個月，每月都有大型行銷活動舉辦，如附件計畫。

　　3.增加廣宣預算投入計畫：今年全年度廣告宣傳預算將較去年○○○○萬元，增加100%，全面開火投入，配合各項行銷活動，抬高業績。

　　4.加強服務的專業性與顧客滿意度計畫，加強人員培訓作業。

　　5.持續形塑藥妝第一品牌的形象操作計畫。

　　6.大幅改革產品組合與產品結構，全面提升商品力。

　　7.強力要求供貨廠商配合每月的促銷活動之降價、特惠價、抽獎、贈品，紅利積點等活動。

　　8.專題打造本公司△△△品牌會員卡活卡率之行銷活動，強化會員經營效能。

五、配合成長要求的本公司組織結構、組織單位及人力編制調整改革計畫註明

六、朝向各店BU責任利潤中心組織制度與獎勵制度辦法說明

七、今年度業績及損益表（每月別）預估說明

八、今年度重大事項時程進度要求

九、結語與裁示

第 **15** 章
九個知名日本公司中期經營企劃案

章節體系架構 ▼

Unit 15-1　日本SONY公司未來三年「中期經營方針」報告

Unit 15-2　日本Panasonic「今年度經營方針」記者會企劃報告

Unit 15-3　日本EPSON公司「中期經營計畫」說明會

Unit 15-4　日本資生堂「未來三年計畫概要」報告

Unit 15-5　日本獅王日用品公司「中期經營計畫」報告

Unit 15-6　日本SHARP公司年度記者會「經營計畫」報告

Unit 15-7　日本豐田汽車「企業策略發展」簡報

Unit 15-8　日本花王公司「年度營運發展」簡報

Unit 15-9　日本Canon公司「三年中期經營計畫」報告

Unit **15-1**
日本SONY公司未來三年「中期經營方針」報告

一、三年前發表的SONY再生計畫推展後實際成果說明

1.現在SONY的概況
- ①SONY最強的部分仍然加以維持
- ②電視機及遊戲機事業在去年報表均已達成盈餘
- ③對失敗事業及高風險事業的投資已充分檢討完成
- ④建構新的事業模式（Business Model）

2.實行同業領導品牌（Leader）的計畫作為
- ①創新技術及新服務嚴選的投資
- ②軟體服務的技術優先加入
- ③對新興市場的率先投入
- ④展開與同業的競爭比較績效評估

3.對去年度結構改革進步的報告
- ①商品類別過多的削減（已削減15類產品）
- ②人員削減（已削減1萬人）
- ③資產處分賣掉（已賣掉1,200億日圓）
- ④成本削減（已削減2,000億日圓）
- ⑤生產據點的統合（已有11處合併）

4.行動電話事業部門的成果檢討
- ①年銷售1億台手機
- ②對集團企業帶來合作效益（音樂、電影）
- ③全球有2億5千萬個使用者

5.電子事業部門成果檢討
- ①Bravia液晶電視機獲得世界性領導地位品牌
- ②對公司獲利貢獻大

6.Game事業部門成果檢討
- ①PS3及PSP普及台數5,000萬台達成
- ②年度轉虧為盈

7.電影事業部門成果檢討
- ①過去六年全美電影收入達成年收10億美元
- ②全美電影新上檔排行榜電影數目居第一位
- ③協助手機、電視、電子等事業單位之資源整合綜效
- ④電影銷售全球化發行

8.金融事業部門成果檢討	①SONY生命保險公司對過去三年持續10%以上成長
	②顧客滿意度高
9.音樂事業部門	①SONY與BMG合併，規模化及效率化
	②音樂對手機及電影事業的績效發揮
10.合併損益表（近三年）	包含有營收及純利額均已見改善

二、現在面對的經營環境（Business Environment）

1. 全球景氣瞬間衰退與低迷。
2. 全球顧客對商品及服務要求的品質及創新愈來愈高，但商品價格卻愈來愈低。
3. 未來新技術革新商機的出現。
4. 金融市場顯得脆弱及不安定。

三、今年重要的三個經營對策

1.對核心事業（Core Business）的持續強化：包含有①2025年液晶電視機居世界第一位；②Game事業加速具魅力的軟體產品上市；③對投資的嚴選，要確保成長性與值得性的投資，以及④對操作營運（Operation）效率的提升，供應鏈管理的改善。

2.對網路服務（Network Service）商品的新開發展開。

3.對金磚四國（BRIC）成長契機的最大活用：BRIC四國在2010年的營收額要倍增到2,000億目標。

> BRIC包括中國、印度、巴西及俄羅斯四國

四、未來三年的中期財務策略

1.營業純益率目標為5%，而這依靠必要的創新活動。

2.確定各種資本投資的報酬率評估及審查機制，確保投資效益產生及避免不當投資。

3.2025年股東權益報酬率（ROE）達到15%目標。

4.確保資產負債表結構性的妥當及適切比例要求。

五、結語：迎向成功的「SONY Tomorrow」

三年中期重要目標

| 1.持續企業各種改革活動 | 2.確保業界領導地位的各種計畫貫徹 | 3.要求獲利額的擴大 ①虧損事業要轉虧為盈 ②投資嚴選 ③營運效率提高 | 4.營收額的成長 ①海外事業營收持續成長 ②各事業部門營收持續成長 |

Unit 15-2
日本Panasonic「今年度經營方針」記者會企劃報告

報告人
總經理

一、去年度的綜合概述與經營現狀

重點工作主題的進展情況

1.海外增加銷售成果
- ①10%成長率達成
- ②金磚四國（BRIC）新興市場的推展

2.四個戰略事業部門的概況說明

3.產品的創新概況說明

4.核心戰略
- ①二氧化碳排出量削減計畫
- ②環保議題全球的推動

二、現在的經營環境趨勢變化

1.全球金融與世界消費力衰退

2.新興市場擴大與低價格的走向明顯

三、今年度的重點工作任務

1.在嚴峻環境下的基本方針
- ①展開徹底的構造改革及體質強化
- ②往成長的方向要求前進突破

2.對去年推動的GP3專案計畫做最後的衝刺

3.期待全球景氣復甦時，能有飛躍的成長

4.今年度經營體質的再構築
①對成長投資及撤退削減事業部門決策，一定要非常明確化
②連續三年虧損的事業單位展開撤退及停止的準備期
③對公司治理體系的強化
④對每一項主力產品成本結構的降低再檢視
⑤對設備投資，抱持審慎態度，力求最小投資及最大效果

5.今年度成長出擊的工作
①成長與發展的根幹主力在商品的創新及革新上市
②對海外金磚四國的加強拓展，以及對先進國家富裕層顧客群的深耕

> 商品力提升務求從顧客觀點為出發點，並以省能源、安全、品質、環保等為要求。

③加強全球品牌（Panasonic）行銷工作及通路銷售網的布建
④薄型液晶電視事業部門的成長計畫說明
　❶總投資設備金額的修正
　❷今年度銷售目標數：1,550萬台

> 冷氣、照明、冰箱、電視、小家電、手機等產品

⑤對本集團眾多家電數位商品線的資源整合與綜效發揮合作推動
⑥家電線產品全球市場加速拓展，以及各海外子公司重點銷售任務的推動
⑦新事業部門的開創（例如：機器人事業部專案計畫）
⑧對三洋電機公司的併購後，營運績效的改善
⑨四個未來新戰略事業
　❶太陽電池
　❷燃料電池
　❸二次電池
　❹省能源設備

6.對環境經營的強化
①省能源NO.1
②二氧化碳排出總量削減
③全球化的積極推進

225

四、結語

打破低迷，迎向挑戰，創造佳績

Unit 15-3

日本EPSON公司「中期經營計畫」說明會

報告人　總經理

一、中期經營計畫創造與挑戰

1. 數位影像的創新（Digital Imaging Innovation）

2. EPSON三個成長戰略（Printer、Projection、Display）

3. 中期集團的經營方針：收益力強化改革計畫

①事業及商品組合的明確化及強化
②Device事業結構改革的推進
③成本效率的徹底強化
④公司治理體系的變革
⑤企業文化與全員改革的推進
⑥三年後獲利額1千億日圓的達成

二、事業及商品組合（Portfolio）與個別事業戰略

1. 做好產品組合管理

依BCG模式，以市場成長率高低及獲利率高低為兩軸互別之

2. 列表機事業部門

①成長與衰退的產品項目
②未來各產品項目的戰略發展方向性說明
③重點戰略說明

3. 中小型液晶顯示器事業部門

①市場的預測　②戰略方向性
③重點戰略說明　④商品力強化、數量擴大及成本降低

4. 半導體事業部門

重點戰略

三、中期計畫的研究開發方針（2023~2025年）

1. Imaging on Paper
2. Imaging on Screen
3. Imaging on Glass

四、固定費用結構的改革計畫及改善效果金額

1. 三大事業部門的費用改造計畫
2. 員工效率化的改造計畫

五、中期成本效率化的計畫與目標數

1. 採購成本的削減計畫
2. 物流成本的削減計畫
3. 服務支援成本的削減計畫
4. 國內生產據點的整合化與集中化

六、公司治理體系的變革

1. 治理的目的
2. 治理改革的三項具體內容
3. 治理組織體系的改變

七、中期三年的營收及純益目標數據（2023~2025年）

八、結語

Unit 15-4
日本資生堂「未來三年計畫概要」報告

報告人　總經理

一、新三年計畫的「三大宣言」

1.創造世界顧客最愛的品牌　　　2.迎向世界級最高等級的經營品質目標
3.提升資生堂集團作戰力組織體

二、資生堂新三年計畫（2023-2025年）

1.成長性的擴大與獲利力的提升　　　2.戰略方向性
3.數據目標：獲利率10%以上　→　海外營收占比40%以上

三、具體的戰略構造上的關鍵字

1.成長性擴大與獲利提升的兩種並存　　　2.全球化
3.眾焦化　　　4.公司外部資源的活用

四、全球資生堂品牌的育成與強化

1.產品線的集中及商品體系的創新　　　2.城市戰略的開發
3.海外新興市場的擴大　　　4.集團結合力量的集中及市占率擴大

五、亞洲市場壓倒性存在感的確立

1.亞洲全區域的行銷展開　　2.中國事業的擴大　　3.日本第一品牌的鞏固

六、資生堂集團價值提升的基盤強化計畫

1.美容顧問活動革新的全球化展開
2.價值創造力的強化
3.全球各生產據點的整備

①肌質改善＋效果感研究的強化
②對新領域的展開強化
③結合公司內部及委外研究開發的展開

①新開工廠及關掉工廠
②針對領域工廠的集中強化
③建構全球化導向最適生產供給體制

七、迎向世界最高經營品質的推動

1.全球化人才的育成　　　2.組織能力的提升　　　3.公司治理體制的進化
4.結構改革的持續推動　　　5.企業社會責任（CSR）及ESG積極參與

八、未來三年的經營數據目標

1.2023~2025年的營收及純益目標　　　2.成本結構改善的目標
3.股東股利發放的目標

九、結語

Unit **15-5**
日本獅王日用品公司「中期經營計畫」報告

一、計畫主軸：企業價值提升

　　1. 追求消費者的「清潔、健康及美」

　　2. 從「生活者價值」迎向「企業價值」提升

二、今年合併業績目標

　　1. 營收額目標：4,000億日圓（成長5.4%）

　　2. 獲益：200億日圓（純益率5%）

　　3. 股東權益報酬率（ROE）：10%

三、今年計畫的重點作為

改革1：成長基盤的再構築

①核心事業的強化及新事業範疇的養成（居家日用品、藥品、化學品）

②商品開發及企劃力的強化

改革2：獲利而結構的改革

①製成品成本的降低

②最適供應鏈管理的建立

③生產力的提升

改革3：組織能力與提升

①人才的育成與組織的活化

②企業社會責任的積極參與

Unit 15-6
日本SHARP公司年度記者會「經營計畫」報告

一、迎向2025年「創業115週年」

1. 實現世界No.1液晶顯示面板地位
2. 開發省能源及創新能源機器設備，以彰顯對世界環境與人類健康的貢獻

二、今年度重點事業任務說明

1. 液晶電視機及大型液晶面板事業：
   ①液晶電視機的世界需求
   ②液晶新技術（65型、52型）
   ③液晶電視機的省能源效果分析
   ④AQUOS品牌追求畫質、音質設計的最高峰之美
   ⑤大型液晶面板事業（龜山第2工廠的擴充：目標每月9萬張）
2. 太陽電池事業：
   ①太陽電池的生產擴大
      ❶結晶系太陽電池
      ❷薄膜太陽電池
   ②太陽電池的發電成本
   ③太陽電池二氧化碳削減效果

三、今年度經營目標

1. 合併總營收及目標
2. 合併總純益目標
3. 純益率目標
4. EPS目標
5. ROE目標
6. 市占率目標
7. 海外事業拓展目標

四、結語

229

Unit 15-7
日本豐田汽車「企業策略發展」簡報

一、企業經營環境（Business Environment）

1.市場環境變化趨勢　2.環境議題變化趨勢　3.原物料上漲變化趨勢

二、策略性優先議題（Strategic Priority）

未來公司資源將專注在下列三項策略性優先議題：

1. 強化省能源及低二氧化碳新車的開發
2. 積極降低成本（Cost Reduction）以改善獲利性
3. 擴大在資源豐富國家及新興潛力市場國家的投入營運
4. 加速PHV及HV車的研發

> 例如中國、印度、巴西

三、全球各地區的成長策略（Growth Strategy by Region）

1. 美國市場（U.S. Market）
2. 歐洲市場（European Market）
3. 中國及俄羅斯市場（Chinese & Russia Market）
4. 印度及巴西市場（India & Brazia Market）
5. 日本國內市場（Japan Market）

> 營運策略說明

四、海外及日本五大區域的今年度銷售目標計畫圖示

五、朝向低碳社會需求環境變化的因應策略

1.Hybrid Vehicle（HV）的策略說明
2.HV系統：車型更小、更輕、更省成本
3.環境科技（Environmental Technology）創新與應用
4.開發PHV車（中長期計畫）
5.加速EV的研發

> 最後五年目標數據比較

六、管理基礎的改善（Management Foundation）

1. 控制降低及因應鋼材成本的上升
2. 管理基礎的改革：
　　①品質（Quality）　②成本（Cost）　③人力資源（Human Resources）

七、全球銷售計畫（Sales Plan）

近四年持續上升及全球銷售汽車數量（今年預估達1,000萬輛）

八、今年預估獲利目標

克服各種障礙，努力達成10%的獲利目標及970萬全球銷售汽車數。

九、對股東的回饋（Shareholder Return）

> 預估股利分配

十、結語

> 創造一個新的未來

Unit 15-8
日本花王公司「年度營運發展」簡報

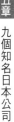

一、去年度經營狀況摘要報告

1. 去年度損益表概述→營收、毛利、淨利、EPS、ROE。
2. 由於商品高附加價值及銷售力強化，使營收業績仍能持續微幅上升。
3. 面對原物料價格上升影響，使獲利僅微幅上揚。
4. 採取成本下降（Cost Down）因應對策。

二、今年度的成長戰略

花王公司 中期成長戰略 →

朝商品的高附加價值提升
以確保獲利的成長達成

1. 對保養品及男性用品事業的加速成長
2. 對基盤事業清潔用品事業的強化
3. 對海外子公司事業加速成長
4. 對潛在對手的併購投資

三、Beauty事業的發展主軸及預算目標

四、Beauty Care事業的發展主軸及預算目標

五、男性市場商品事業的發展主軸及預算目標

六、居家日用品及清潔品事業的發展主軸及預算目標

七、健康食品事業的發展主軸及預算目標

八、今年度影響公司損益績效的

231

外在因素 及其對策 →

1. 原物料價格上漲的影響
2. 匯率變動對營收的影響
3. 國內同業競爭使定價下降的影響
4. 因應對策
   ① 朝不受原物料上漲影響的高附加價值產品
      推展開發
   ② 加強營業銷售力的組織及作為
   ③ 專注在亞洲地區海外子公司的成長要求
   ④ 持續成本與費用下降改革計畫的推動

九、今年度財務預測

1. 預估今年度損益表概況
2. 預估今年度EPS、ROE及ROA概況

十、今年度較大資金支出預估

1. 對未來成長領域的設備資本支出
2. 可能併購（M&A）的支出

十一、結語

Unit 15-9
日本Canon公司「三年中期經營計畫」報告

一、預計未來三年（2023~2025年）合併損益表概況

→ 合併營收額及合併獲利額概況

二、預計未來三年四大事業群之營收額推估及占比分析

1.IT Solution事業群　　　　　2.電子商務設備事業群

3.產業機器事業群　　　　　　4.辦公文書商業設備事業群

三、未來三年的五大戰略，以確保三年中期經營計畫的實施

1.顧客滿意度NO.1的實施
- ①組織體制的充實計畫
- ②服務技術人員的技術力提升計畫
- ③對應窗口的強化計畫

2.ITS 3000計畫的推進
- ①新統合公司的再出發→Canon IT Solution股份有限公司
- ②事業領域的擴大對策
  - ❶對SI事業領域的強化及擴大
  - ❷對Solution商品力的強化
  - ❸對IT產品銷售的強化

（包括金融、製造、醫療等系統整合）

3.各事業群收益力（獲利力）的提升
- ①對文書辦公設備事業競爭力的強化
- ②對數位相框3,000日圓的實施
- ③對產業機器事業的強化與擴充

4.主要商品市占率NO.1的實施
- ①NO.1商品的維持與強化品項（表列）
- ②對潛在NO.1商品的加速品項（表列）

5.經營品質的提升
- ①經營品質協議的實施
- ②企業社會責任（CSR）的強化
- ③事業永續經營體制的建構
- ④集團支援服務的推進

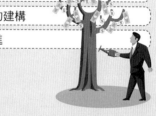

四、三年後Canon發展的願景（Vision）

五、結語

第 16 章

二十二個行銷企劃案

章節體系架構 ▼

Unit16-1　某日系家電公司力拼「冰箱銷售額臺灣第一大」行銷企劃案

Unit16-2　某行動電信公司廣告企劃案

Unit16-3　某啤酒公司年度廣告企劃案

Unit16-4　某飲料公司推出「新品牌茶飲料」企劃案

Unit16-5　某食品飲料公司「業績檢討強化」計畫案

Unit16-6　某百貨公司「週年慶促銷活動」企劃案

Unit16-7　會員活動「會員珠寶銷售展示會」企劃案

Unit16-8　政府單位某機構十週年慶系列活動企劃案

Unit16-9　某縣市休閒農業媒體宣傳及行銷推廣企劃案

Unit16-10　某郵政公司「郵政業務媒體推廣」企劃案

Unit16-11　對行政機關舉辦「植樹月」委外規劃活動企劃案

Unit16-12　某購物中心七週年慶促銷活動企劃案

Unit16-13　某皮鞋連鎖慶祝200店推出第2雙鞋200元促銷活動案

Unit16-14　某精品公司年度貴賓之夜VIP活動企劃案

Unit16-15　某酒品公司舉辦「開瓶見喜抽獎」活動企劃案

Unit16-16　某政府單位舉辦「中秋河川音樂文化祭」晚會活動企劃案

Unit16-17　某廣告公司對某公司「品牌形象」CF廣告、平面廣告及海報製作企劃提案

Unit16-18　某政府行政機關舉辦「選舉反賄選」宣導委辦媒體企劃案

Unit16-19　某飲料公司規劃「冷藏咖啡」新產品行銷策略報告

Unit16-20　某蜆精產品「新年度行銷企劃」報告案

Unit16-21　某公司洗潔精「新產品上市」整合行銷企劃案

Unit16-22　某新品牌酒品上市行銷推廣企劃案

Unit 16-1
某日系家電公司力拼「冰箱銷售額臺灣第一大」行銷企劃案

一、去年臺灣冰箱市場總檢視

1. 市場規模：一年約達50萬台，總銷售額達○○○億元。
2. 國內外品牌市占率概估列表：

①臺灣本土品牌	②進口品牌
❶大同　❷東元　❸聲寶 ❹三洋　❺歌林	❶日立　❷LG　❸三星 ❹惠而浦　❺松下

二、本公司品牌去年銷售狀況

1. 銷售量：約5萬台（全數進口品）　　2. 占總進口量：70%
3. 高價冰箱市占率：70%（第一位）　　4. 產品別：頂級多門式冰箱

三、本品牌躍為進口冰箱第一位及整體冰箱銷售第二位的原因分析

1. 來臺上市新款冰箱商品力強：包含有①頂級真空冰溫室特色，以及②小體積卻有602公升，業界最大容量。
2. 廣告代言人成功：去年度廣告代言人由微風廣場少東夫人孫芸芸擔任，獲得認同，且有不錯效果。
3. 產品定位成功：去年度整體產品形象定位在「生活美學」，以日系產品的高質感，獲得目標客層的高度認同及偏愛選擇。
4. 通路商配合促銷成功：各量販店、各家電連鎖店、各家電行與本公司促銷活動配合良好。

四、今年度冰箱銷售目標

1. 市占率：從目前20%提升到25%。
2. 地位：市占率第一品牌。
3. 銷售量及銷售額：成長20%，達年銷6萬台，銷售額為○○○億元。
4. 預估獲利額：○○○億元。

五、今年度行銷策略操作重點原則

1. 廣告代言人：再度與孫芸芸簽約代言。
2. 引進多款新產品：持續引進多款高價及中價位冰箱產品上市銷售，力爭營收額2成成長。
3. 廣告預算：比去年增加1成，達○○億元。
4. 產品定位：持續「生活美學」的優良形象Slogan。
5. 通路普及化：力求通路型態的多元化，讓銷售據點更廣泛。

6.促銷活動：配合季節需求及通路需求，每季舉辦一次大型促銷活動，以提升買氣。

7.價格彈性：因應各種通路商的不同，以及市場季節的考量，今年度的價格策略將調整底線金額，而加寬更大的業務彈性。

六、今年度冰箱產品線損益表預估

1. 各月別的營收、成本、毛利、營業費用及營業純益之預估分析
2. 各通路別營收預估及占比分析

七、今年度冰箱產品線重大工作進度時程表列示

八、今年度進口冰箱與日本總公司溝通協調事項說明

1.新產品協調事項　　　　　　　　2.技術支援事項
3.進口作業事項　　　　　　　　　4.成本協調事項

九、結語與裁示

Unit 16-2
某行動電信公司廣告企劃案

> 本企劃案是由廣告公司對某行動電信公司所提出「廣告企劃案」。茲將其全案之綱要架構列示如下，以供參考。

一、現有行動電信服務業者現況分析

1.戶數規模　　　　　　　　　　2.市場占有率
3.廣告費投資　　　　　　　　　4.產品定位
5.發展策略

二、本品牌之優劣勢分析與未來發展定位及經營策略

三、傳播目標與傳播策略

四、傳播概念

1.主要需求對象　　　　　　2.品牌概念　　　　　　3.產品概念

五、傳播組合

1.五大媒體廣告　　　　　　2.促銷活動（SP）
3.事件行銷活動（EVENT）　　4.手機通路行銷　　　5.公益活動

六、創意策略表現方式與內容

1.主題口號　2.創意IDEA　3.創意各篇腳本

七、消費者促銷之目的、主題及方式

八、媒體計畫建議 ← 媒體組合選擇與排檔

九、媒體預算分配

十、整體時效計畫表

Unit **16-3**
某啤酒公司年度廣告企劃案

　　本企劃案是由廣告公司對某啤酒公司所提出「廣告企劃案」。茲將其全案之綱要架構列示如下，以供參考。

一、整體環境的挑戰

1. 競爭者挑戰面
2. WTO開放挑戰面
3. 消費者變化挑戰面
4. 政府法令面

二、啤酒市場未來在哪裡

1. 最近五年啤酒產銷
2. 各品牌啤酒市場占有率
3. 啤酒的未來成長空間與潛力

三、目前本啤酒品牌與消費者的品牌網路關係

四、本啤酒品牌今年度最關鍵思考主軸與核心

五、經營策略

1. 如何擴大整體啤酒市場
2. 如何提升本品牌形象
3. 如何經營年輕人市場
4. 如何經營通路

六、傳播目標與策略

1. 短期／長期的傳播目標
2. 短期／長期的傳播策略

七、傳播概念

1. 主要／次要訴求對象
2. 核心訴求重點與口號
　→①品牌概念 ②產品概念 ③企業理念 ④價值訴求

八、傳播組合

1. 品牌運作：
　①廣告（電視、報紙、廣播、電影、雜誌）
　②通路行銷（中／西餐廳、KTV店、便利商店）
　③促銷（SP）
　④事件行銷（Event Marketing）
　⑤網路互動
2. 公益Campaign運作：
　①Event
　②PR記者會

九、創意策略與表現

1. 主題口號
2. 核心Idea
3. 創意各篇腳本：電視CF篇、報紙 NP篇、廣播RD篇

十、通路行銷

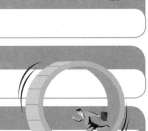

1. KTV活動行銷
2. CVS（便利商店）活動行銷
3. 大賣場活動行銷
4. 超市活動行銷

十一、消費者促銷

活動目的、主題、方式、廣告助成物

十二、Event活動

活動名稱、目的、計畫、內容、助成物

十三、網路行銷

活動目的、主題、手法、方式、視覺表現

十四、公益Campaign

活動目的、策略、傳播組合

十五、媒體計畫建議

1. 目前主要品牌媒體廣告已投資分析
2. 媒體廣告組合計畫
3. 媒體選擇
4. 媒體排期策略
5. 媒體執行策略

十六、媒體預算分析

1.五大媒體預算＋2.通路行銷預算＋3.Event預算＋4.公益Campaign預算＋5.互動網路預算＋6.CF製作費＋7.廣告效果測試預算＋8.企劃設計費＋9.其他費用＝10.總計金額

十七、整體時效計畫表

1. 拍片（CF）
2. 助成物印製
3. 五大媒體上檔
4. 通路行銷發動
5. SP發動
6. Event發動
7. Campaign發動
8. 互助網路發動
9. 廣告效果測試日

Unit 16-4
某飲料公司推出「新品牌茶飲料」企劃案

一、國內健康茶飲料市場現況分析

① 國內茶飲料市場營收規模預估

② 市場前五名茶飲料廠商、品牌、銷售量及市場占有率分析

③ 國內茶飲料受歡迎品牌之茶種、口味、包裝、定價及通路配銷概況

④ 國內主要茶飲料品牌每年投資廣告額分析

⑤ 國內主要茶飲料消費目標族群分析

⑥ 未來國內茶飲料流行方向、成長潛力與契機

⑦ 日本健康茶飲料市場發展經驗分析

二、本公司擬推出新品牌健康茶飲料之行銷規劃案

1.產品規劃
①品牌名稱
②包裝設計
③容量設計
④口味與茶種設計

2.定價規劃
①促銷期定價
②各種不同通路型態定價
③不同包裝容量之定價

3.廣告宣傳規劃
①廣告宣傳總預算（第一波）
②各媒體配置概況
③預計委託廣告公司對象
④媒體公關記者安排

238

4.促銷活動規劃
①第一次SP活動計畫內容
②第二次SP活動計畫內容

5.通路規劃
①大賣場通路鋪貨對象及數量分配
②便利商店連鎖公司及超級市場鋪貨對象及數量分配
③其他經銷商鋪貨對象及數量分配

6.業務目標量規劃
①各通路別全年業務目標量預估
②各地區別全年業務目標量預估
③全年度各月別業務目標量預估

7.本新品牌茶飲料之銷售訴求點

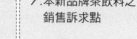

三、本專案組織架構及各工作小組分工事務執掌說明

四、本專案重要事項推動時程表列管

五、本項新產品第一年度之營收成本與損益分析試算

六、結論

Unit 16-5

某食品飲料公司「業績檢討強化」計畫案

一、去年度業績檢討

1. 去年度實際業績與預算目標比較分析及達成度分析
2. 去年度實際業績
   未能達成預算目標之原因檢討

> ①整體市場環境原因
> ②競爭品牌強力競爭原因
> ③本公司自身原因

二、今年度業績強化改善具體對策

1.業務組織架構與編制調整內容說明
①組織單位的調整
②人力編制的調整

2.業務人力加強教育訓練說明
①產品專業知識教育訓練
②銷售技能知識教育訓練
③領導才能知識教育訓練

3.業績獎金調整修正說明
①團體獎金調整修正
②個人獎金調整修正
③年度獎金調整修正

4.通路商強化改善說明
①新增通路商目標數量
②既有通路商進貨獎金調整修正
③通路商業績檢討每月分業績會議召開
④支援通路商銷售之各項措施

5.產品力強化改善內容說明
①年度新產品項目推出目標數
②既有產品包裝、口味、容量之調整改善建議
③對品牌經營之建議

6.價格力強化改善內容說明
①機動配合主要競爭者市場價格之變化而因應
②不同包裝容量的不同價位
③配合大型零售通路商促銷活動之促銷定價策略

7.廣告力（Advertising）強化改善內容說明
①廣告預算依新業績目標而酌予增加
②廣告公司重新比稿決定新廣告代理公司
③加強廣告效果之評估

8.公共關係（PR）強化改善內容說明
舉辦年度公益活動，塑造公益形象

9.市場調整與市場研究強化改善內容說明
①加強蒐集各大零售賣場銷售情況
②強化蒐集競爭品牌行銷最新動態
③加強國外（日本）相關新產品與新功能之資訊情報供為新產品研發參考

三、今年度業績目標預算

1. 各事業部別業績目標
2. 各品牌別業績目標
3. 各地區別業績目標
4. 各通路別業績目標
5. 全公司總業績目標

四、結論

Unit 16-6
某百貨公司「週年慶促銷活動」企劃案

一、去年度週年慶促銷活動案績效檢討與回顧

　　1. 去年度週年慶SP活動內容
　　2. 去年度週年慶投入成本與效益分析
　　3. 去年度週年慶SP活動之優點與待改善之處

二、今年度週年慶各競爭對手可能的活動內容分析比較

　　1. 主要競爭對手的SP活動內容
　　2. 次要競爭對手的SP活動內容

三、當前消費者對行銷活動的認知與需求分析

四、本公司今年度週年慶SP活動的計畫內容

1. 活動時間

2. 全省連鎖分店同步活動

3. 促銷優惠價格訂定

　　①各館別
　　②各樓層
　　③各線商品
　　④特價區

4. 抽贈獎活動方式贈品內容及贈品成本概

5. 宣傳預算概估與宣傳重點

6. 預估效益

　　①來客數預估
　　②營收額預估

7. 各部門分工組織及應辦作業表

五、週年慶SP活動後一週內提出各部門工作總檢討

　　1. 活動績效總檢討
　　2. 各部門工作總檢討

Unit 16-7
會員活動「會員珠寶銷售展示會」企劃案

一、活動名稱

二、活動時間

三、活動地點

　　□□大飯店宴會廳

四、活動目標（目的）

五、活動目標對象

| 對象1 | 對象2 | 對象3 |

六、活動進行企劃重點

　　1.商品規劃　　　2.展場規劃　　　3.活動規劃
　　4.宣傳規劃

七、活動流程（時間表）

　　1.展場（展售／珠寶秀）　　2.拍賣會場

八、活動主軸

　　1.珠寶精品銷售　　2.珠寶秀　　　3.拍賣會
　　4.娛樂表演　　　5.雞尾酒招待會　6.迎賓好禮促銷

九、主題及氣氛陳列

十、宣傳

　　1.電子媒體　　　2.平面媒體　　　3.手機簡訊

十一、本活動預算支出合計

　　包括平面製作物、場地租金、贈品、活動、陳列、燈光音響工程及其他

十二、本公司內部各部門工作分配表

十三、預定工作時程進度表

Unit **16-8**
政府單位某機構十週年慶系列活動企劃案

一、前言

二、活動企劃

 1.活動目的   2.活動標語

 3.活動地點   4.活動代言人

三、視覺設計

 1.主視覺／LOGO設計稿

 2.旗幟／各式文宣品／大會製作物設計稿

 3.開幕舞臺背板設計稿

 4.開幕舞臺、座談會會場示意圖

 5.室內空間規劃設計稿

 6.施政成果展規劃設計稿

 7.立體圖騰精神錦標設計稿

 8.原住民族特色獎座設計稿

 9.其他

四、活動內容

 1.開幕典禮執行計畫   2.座談會執行計畫

 3.施政、成果展   4.動員及邀請對象

 5.活動彩排

五、媒體宣傳

 1.記者會   2.媒體宣傳計畫

六、公關接待服務計畫

 1.總統及長官貴賓   2.外賓與表演團體

 3.與談人   4.出席人員及會場

七、交通運輸及安全維護計畫

 1.交通控管及安全疏導計畫

 2.緊急應變及救災計畫

 3.活動意外險

八、環境維護計畫

1. 環境維護清潔小組
2. 活動會場臨時清潔用品設備
3. 環保分類及各項清理作業

九、執行其他行政事項

1. 已擬定完成之總統致詞（稿）
2. 已擬定完成之現任主任委員致詞（稿）
3. 來賓邀請與受獎人接待安排、觀眾席座位規劃、安排與引導
4. 鼓勵原住民行政單位及原住民社團負責人參與及受理報名工作
5. 撰寫成果報告
6. 協助製作業務成果報告、會議簡報
7. 參與者意見調查

十、人力組織架構

1. 籌備會組織
2. 籌備人員聯繫表
3. 組織架構圖

十一、執行進度表

1. 主要工作事項進度表
2. 協調會議預定進度表

十二、經費預算

1. 活動預算分配表、比例圖
2. 活動預算細目表

十三、預期效益

十四、建議及需求事項

1. 志工導覽解說部分
2. 著名代表人士及貴賓邀請部分
3. 相關原住民族資料與圖片提供
4. 借用原住民文化藝品及布置物
5. 與場地單位協調事項

十五、□□執案優勢綜整

十六、公司簡介

Unit **16-9**
某縣市休閒農業媒體宣傳及行銷推廣企劃案

一、前言

二、媒體宣傳企劃目標

1.打造「綠色桃花源」的心靈旅遊意象。

2.行銷各區業者，整合資源並增加實質收入。

3.推廣遊玩行程，充實桃花源路線

三、行銷對象

主要行銷對象與訴求

四、媒體露出規格

1.報紙：蘋果日報，包含有①旅遊專題二次；②人物專訪一次，以及③新聞性報導七次。

2.雜誌：五家發行量2萬份以上雜誌，共計二十頁之露出。

3.廣播：全國性廣播7,000秒露出。

4.網路：Yahoo奇摩（廣告版位、呈現方式、曝光時間）。

五、媒體宣傳計畫項目與內容說明

1.媒體參訪團：包含有①企劃構想；②參訪主題；③執行時間；④企劃目標；⑤媒體邀請對象，以及⑥企劃內容（二日一夜遊）。

2.蘋果日報媒宣策略：包含有①旅遊專題：企劃構想及專題一、二；②人物專訪：企劃構想與企劃內容，以及③活動報導：企劃構想與企劃內容。

六、行銷標的分析

分區、鄉鎮、預計行銷之重點特色。

七、效益評估

1.媒體露出經濟效益評估→ 報紙、廣播、雜誌、網路

2.媒體露出達成率

八、計畫執行預算

包含業務費、宣傳費、採訪製作費、郵電費、辦公事務費、人事費、企劃服務執行費、其他；合計：370萬。

九、預計各項重要工作進度表

十、本專案人力配置表

十一、附件

Unit 16-10
某郵政公司「郵政業務媒體推廣」企劃案

一、企劃目標

　　1.提升郵政品牌喜好度與忠誠度　　2.帶動郵政業務的銷售成長

二、傳播動機→ 塑造郵政業務品牌優異化

三、品牌策略思考與品牌定位

四、創意總體戰略

　　為郵政創造「老朋友、新感覺」的印象

五、創意概念與核心承諾

　　速配每一天；360° 全心服務

六、電視廣告表現（歌曲＋MTV）與廣告腳本（篇名、時間、規格、語別）

七、平面廣告表現

　　1.報紙稿：廣編系列、形象系列　　2.雜誌稿：廣編跨頁

八、媒體規劃

　　1.電視媒體規劃：包含有①目標對象媒體接觸分析；②電視媒體宣傳目的與宣傳期間；③廣告託播檔次表（頻道別、檔次數），以及④廣告託播Cut表（事前排期表）。

　　2.廣播媒體規劃：包含有①單元節目規劃；②廣播託播檔次表（電台別、檔次數），以及③廣播託播Cut表。

　　3.報紙媒體規劃：包含有①刊登期間；②排期策略，即形象廣告稿與專題報導；③報紙選擇建議，以及④報紙規劃表（報紙別、區域、版面、規格、次數）。

　　4.雜誌媒體規劃。

　　5.戶外媒體規劃：各商圈數位電視廣告，包含有素材、播出時間、播出檔次、播出地點。

九、媒體總預算分析

　　1.電視30秒廣告CF製作費　　　　2.電視廣告託播費

　　3.電視節目置入配合費　　　　　　4.報紙廣告費

　　5.雜誌廣告費　　　　　　　　　　6.廣播廣告費

　　7.戶外媒體費　　　　　　　　　　8.文宣贈品費

　　　　　　　　9.總計及各項費用占比

十、各項重要工作期程表　　十一、附件

Unit **16-11**
對行政機關舉辦「植樹月」委外規劃活動企劃案

一、前言－減碳觀念人人有，種植認養每一顆樹木

二、植樹月活動主軸設定

　　1.計畫目標　　　　　　　　2.目標族群

三、植樹月活動標語設計

　　1.Slogan　　　　　　　　　2.Logo

四、植樹月整體活動策略

　　創意策略之1、之2、之3

五、植樹月宣導架構

　　1.植樹月系列活動　　　　　2.文宣及數值影音製作

　　3.文宣品製作　　　　　　　4.媒體宣傳

　　5.免費加值回饋

六、植樹月系列活動

　　主題活動：包含有①活動時間及地點；②記者會議題設定；③記者會流程；④戶外活動創意方式；⑤種植紀念植樹活動方式；⑥植樹節大會活動方式，以及⑦植樹月校園電影巡迴講座。

七、植樹月活動宣導品製作及媒體行銷規劃

　　1.主題宣導品設計及製作（如附件）　2.外牆帆布

　　3.活動旗幟　　　　　　　　　　　4.活動宣導品：棒球帽

　　5.30秒影音宣傳帶製作說明：包含有①短片規格；②短片目的；③表現說明；④短片特色，以及⑤短片腳本。

　　6.媒體宣傳規劃：包含有①戶外媒體選擇；②電視新聞專題規劃；③廣播帶規劃；④平面媒體規劃，以及⑤網路媒體規劃。

八、加值回饋

　　1.系列活動成果VCD（市值10萬）　2.簡訊互傳活動（市值10萬）

九、整體效益評估

十、整體宣傳時程規劃

十一、本活動經費預算表

十二、附件

Unit 16-12
某購物中心七週年慶促銷活動企劃案

一、活動業績目標

二、活動日期

　　○○月○○日到○○日；計○○天。AM11:00-PM10:00

三、活動小組組織編制與分工表

四、活動主軸策略

五、活動企劃內容

　　1. 尊榮刷卡禮

　　2. Visa特別刷卡禮（當月刷卡滿5萬元以上）

　　3. ○○聯名卡抽汽車（Audi汽車一部，市價218萬元）

　　4. 1F：國際精品當月單卡單櫃單筆滿20,000元送2,200元酬賓券

　　5. 其他樓層流行服飾滿5,000元送500元酬賓券

　　6. 化妝品、內衣，單櫃滿3,000元送300元酬賓券

　　7. 流行服飾7折起　　　　　　　　8. 國際精品8折起

　　9. 化妝品、內衣9折起＋滿額送　　10. 超市9折起

　　11. 各品牌特惠價活動（特賣會會場）　　12. 國際品牌首週限量，排隊商品

　　13. 其他說明

六、活動宣傳計畫

　　1. TVCF播出說明　　　　　　　　　　2. 活動記者會＋TV新聞報導

　　3. NP廣告＋NP公關報導　　　　　　　4. 網路廣告刊播

　　5. 廣播刊播　　　　　　　　　　　　6. e-DM

　　7. 郵寄DM（鎖定今年度曾消費10萬名卡友）　8. 店內外POP布置宣傳物

　　9. 公車廣告　　　　　　　　　　　　10. 周邊區域住家宣傳單

七、活動預算

　　1.媒體預算＋2.贈品預算＋3.滿萬送千預算＋4.店頭布置預算＋5.印製預算＋

　　6.公關預算＋7.其他預算＝ 8.總計

八、活動進度表

九、活動效益

　　業績預估表

十、首日11點舉行正式週年慶活動

　　Run-Down流程表

十一、結語與裁示

Unit 16-13
某皮鞋連鎖慶祝200店推出第2雙鞋200元促銷活動案

一、活動起因

因應今年國內零售市場不景氣，颱風又影響買氣，為達成今年度預定業績，故推出本次促銷方案。

二、活動目標

希望為期五天能衝出業績，達成今年度33億年營收目標。預計五年業績達到○○億目標。

三、活動主軸

慶祝第200店，凡購第2雙鞋以200元優惠價促銷。

四、活動內容設計

1.全國200店同步推出。

2.活動期間：○○年○○月○○日起，至○○月○○日止，共計七天時間。

3.第2雙鞋200元的鞋類範圍：除S系列高價鞋系列之外，原有的定價1,000元以內的仕女鞋，均納入優惠價範圍內。

五、活動宣傳

1.媒體廣告宣傳：包含有①電視媒體宣傳：製作10秒CF，於新聞頻道及綜合頻道託播，預算為800萬元，以及②平面報紙媒體宣傳：預算400萬元，於蘋果日報、中時、聯合、自由等四大報刊登，其中200萬刊於蘋果日報之廣告版面。

2.公關報導：包含有①電視新聞台置入新聞播出，以及②四大平面報紙之財經版、消費版及工商服務版面等刊載報導。

3.店頭宣傳：包含有①邀請名模隋棠扮演「一日店長」，費用○○萬元；②貼大張海報宣傳及布頭、吊牌等宣傳物品，以及③製作宣傳DM。

4.活動記者會舉辦：包含有①特別貴賓：名模隋棠；②活動地點：晶華大飯店○○樓○○房；③活動日期：○年○月○日下午○○點；④活動流程：如附件；⑤活動主持人：○○○藝人；⑥活動出席我方人員：○○○董事長及○○○總經理；⑦活動邀請記者群：如附件；⑧活動贈品及準備資料給記者：如附件，以及⑨公關稿露出預計次數。

5.本公司官方網站製作特別宣傳計畫。

6.本公司卡友會員（計○○萬名），由各店負責打電話通知地區內會員此訊息。

六、活動預算概估

1.媒體廣告預算＋2.記者會預算＋3.店頭POP預算＋4.名模預算＋5.記者會公關預算＋6.其他相關預算＝　7.合計預算

七、本活動成本與效益評估概算

1.有形數據效益概估（營收、損益、來客數、客單價）＋2.無形行銷效益概估

八、本活動各相關部門配合事項要求

包含有業務部、生產部、資訊部、財會部、企劃部等部門。

九、競爭對手○○近期促銷活動的評估及分析　　十、結語與裁示

Unit 16-14
某精品公司年度貴賓之夜VIP活動企劃案

一、活動主題

「傳奇」之夜

二、活動日期

○○年○○月○○日（週六）晚上7:00～9:00

三、活動地點

麗晶精品商場

四、活動邀請對象

年消費超過1,000萬的重量級VIP超級貴賓——去年度計100位，名單如附件。

五、活動設計內容

1.邀請時尚活動大使：林志玲名模。　2.貴賓之夜主持人：藝人○○○。

3.晚會節目流程：如附件，內容包含有①秀展（展出今年各大精品品牌的獨家限量及秋冬新品）；②歌唱表演（邀請藝人及歌手計5位出席演唱拿手歌曲，每人2首歌曲），以及③參觀及訂購時間。

4.邀請函設計：如附件。　5.現場秀展舞臺、燈光布置設計圖：如附件。

6.VIP貴賓出席將用高級轎車接待的名單：如附件。

7.高價贈品準備○○○（消費滿○○○萬元即贈送）。

六、活動宣傳

1.將邀請工商時報、經濟日報、中國時報、聯合報、蘋果日報、自由時報等平面報紙相關採訪路線記者出席，名單如附件。

2.將邀請有線電視台、無線電視台財經及消費路線記者出席，名單如附件。

3.將邀請時尚、流行、女性等專業平面雜誌主編出席，名單如附件。

4.送給記者之贈品及文宣稿：如附件。

七、活動組織分工表

設立公關組、廠商組、總務組、企劃組等分工單位，其組織表、負責人員及工作事項，如附件。

八、活動預算

內容包含有1.舞臺秀場布置費用；2.VIP贈品費用；3.記者贈品費用；4.名模秀展費用；5.藝人歌手費用；6.公關經理人服務費用；7.租車費用以及8.其他雜支費用等活動費用預估。

九、活動業績目標預估→20家名牌精品業績之合計

十、名牌精品廠商應配合事項說明

1.公關接待人員配合　2.銷售人員配合　3.新產品配合
4.現場布置配合　5.服務措施配合

十一、本次活動成本與效益分析　十二、結語與裁示

Unit 16-15
某酒品公司舉辦「開瓶見喜抽獎」活動企劃案

一、活動目的

二、活動設計內容

活動辦法

1. 活動時間：自111/12/01至112/1/15
2. 活動辦法：於活動期間內於活動通路購買「○○清酒」，打開瓶蓋、打開內墊就有機會得到大獎。（統一超商、全聯社、大潤發、好市多、國軍福利站及機關福利恕不參加本次活動）
3. 活動獎項：
   - 頭獎：現金5萬元（10名）
   - 貳獎：現金1萬元（50名）
   - 參獎：○○臺灣之美純米大吟釀一瓶，市價1,200元（50名）
   - 肆獎：現金1千元（200名）
   - 普獎：○○清酒一瓶共42,800瓶
4. 兌獎方式：①普獎請持中獎瓶蓋到產品購買地點或本公司各門市部兌換；②頭獎、貳獎、參獎、肆獎：請將中獎瓶蓋連同身分證正反面影本及聯絡方式（姓名、地址、白天聯絡電話）於112年1月26日前，以雙掛號（以郵戳為憑）寄回本公司酒廠地址，以及③本公司確認中獎瓶蓋後寄送獎品，獎品寄送地點以臺澎金馬地區為限。
5. 兌獎期限：普獎112年1月15日止，頭獎至肆獎112年1月26日止。
6. 活動專線：○○○○○○○○○○#380葉主任
   服務專線：0800-○○○-○○○

三、活動效益預估

四、承辦單位

五、各單位相關配合事項說明

六、本專案進度時程表

七、恭請裁示

Unit 16-16
某政府單位舉辦「中秋河川音樂文化祭」晚會活動企劃案

一、活動主題

二、活動目的

三、活動策略

> 1.搖滾嘉年華　2.音樂嘉年華

四、活動時間、地點及主題

> 第一場演出時間、地點及主題說明
> 第二場演出時間、地點及主題說明

五、第一場演出／第二場演出

> 1.活動主持人　　2.節目卡司　　3.節目流程

六、節目現場管理規劃及應變措施

七、活動宣傳計畫

> 1.活動新聞點　2.宣傳策略規劃　3.文宣品規劃

八、媒體宣傳計畫

> 電視、廣播、報紙、網路

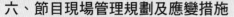

九、演唱節目晚會舞臺設計示意圖

十、文宣設計示意圖

> 1.活動Logo　　　　　　　2.文宣DM
> 3.活動邀請函　　　　　　4.官旗燈
> 5.工作人員識別帽

十一、平面配置示意圖

十二、專案執行組織表及執行人力

十三、現場安全規劃

十四、雨天備案

十五、活動預算概估表

十六、重要工作時程表

十七、相關附件

Unit **16-17**
某廣告公司對某公司「品牌形象」CF廣告、平面廣告及海報製作企劃提案

一、基本市場分析

1.行銷目標消費族群

2.啤酒產品與市場特性

3.消費者行為分析
- ①飲用時機
- ②飲用地點
- ③購買考慮因素
- ④品牌認同

4.市場品牌競爭分析
- ①主要競爭品牌
- ②產品溝通方式
- ③銷售通路
- ④媒體行銷
- ⑤各品牌行銷手法比較

5.本公司啤酒品牌現況分析

二、廣告策略及創意

1.廣告策略→ 維持尚青品牌形象、塑造年輕流行品牌形象

2.創意概念：Key Insight

3.創意發展篇

4.創意表現篇（30” CF腳本）

5.平面廣告稿（直、橫稿各一款）

三、廣告製作預算分配

1.整體規劃服務費

2.30” TVCFx3拍攝製作（35mm）費 　第1篇／第2篇／第3篇

3.平面廣告稿製作費

4.廣告素材存檔費（DVD、海報、報紙）

5.CF製作細項
- ①前置費（資料蒐集、勘景）　②製作人員（導演、攝影、美術、製片等）
- ③器材費（攝影、燈光、場務）　④場景及搭景（場租、棚租搭景）
- ⑤道具及服裝費　　　　　　　⑥片材費
- ⑦聲音製作（錄音室、錄音師、播音員、音樂版權）
- ⑧畫面製作（上字特效、剪接、修圖、轉帶）
- ⑨電檢及播帶費　　　　　　　⑩演員費
- ⑪播帶製作一套

Unit 16-18
某政府行政機關舉辦「選舉反賄選」宣導委辦媒體企劃案

一、宣導主題規劃說明
　　1.計畫對象　2.計畫目的　3.媒體走期

二、媒體策略
　　1.保證檔次購買、全面涵蓋重點族群。
　　2.鋪天蓋地、全面滲透、跨媒體整合平台。
　　3.特色：包含有①涵蓋面廣、置入報導；②與生活中媒介結合宣導，以及③顧及族群語言。

三、置入操作策略
　　1.電視媒體：包含有①節目置入，以及②新聞報導活動。
　　2.廣播媒體：口播轉訪。
　　3.網路媒體：包含有①聯合新聞網，以及②中時電子報。

四、預算分配表→ 1.總預算：1,900萬元　2.媒體分配概況

五、傳播對象結構分析→ 1.性別組成、年齡分布　2.地區縣市分布

六、媒體目標對象界定

七、目標群媒體接觸分析

八、傳播任務及媒體策略
　　1.傳播任務、傳播對象、媒體目標　2.媒體組合策略：電視、廣播、網路、戶外

九、電視媒體分析與建議
　　1.目標群喜愛的電視節目類型分析：包含有①性別分析；②地區分析，以及③城鄉分析。
　　2.電視執行策略：包含有①電視媒體目標20~54歲；②無線電視執行策略與建議：❶無線電視收視率排行與滲透率分析；❷無線電視涵蓋率分析；❸台視專案說明：電視廣告＋新聞報導＋節目置入宣傳（部長專訪）。
　　3.有線電視執行策略與建議：①頻道類型＋②時段。
　　4.電視預算分配表：無線24%；有線76%。
　　5.整體電視執行建議：包含有①走期：6週時間；②TA設定：20~54全體；③素材：30" TVCF共三支，以及④波段建議。
　　6.電視媒體效果分析：GRP及CPRP。

十、其他媒體執行策略與建議
　　1.交通媒體　2.網路媒體　3.廣播媒體

十一、廣播執行建議

　　1.媒體目標　2.走期　3.作法　4.預算　5.廣播收聽率分析　6.廣播電台預算分配

十二、公關操作

　　1.計畫方向　2.公關對象　3.新聞議題規劃

十三、青春吶喊、反賄選演唱會

　　1.活動策略　2.活動名稱　3.活動時間　4.活動轉播　5.活動經費　6.活動內容
　　7.表演團體名單

十四、A. C. Nielsen收視率參考資料

Unit 16-19
某飲料公司規劃「冷藏咖啡」新產品行銷策略報告

一、國內即飲咖啡市場現況分析及其成長商機分析

　　1.市場銷售總規模→ 今年約63億元 　2.近五年來的成長百分比狀況
　　3.常溫咖啡與冷藏咖啡占比的消長變化　4.小結→ 冷藏咖啡是市場成長主要力道

二、目前主要冷藏咖啡飲料競爭者概況分析

　　1.前二大品牌市占率占52%→ 包括味全貝納頌（37%）＋統一左岸咖啡（25%）
　　2.其他品牌市占率列表說明
　　3.味全貝納頌及統一左岸咖啡之競爭優勢及行銷競爭特色比較分析說明
　　4.冷藏咖啡前五大品牌之定位、目標市場及定價策略比較分析

三、本公司將推出冷藏咖啡之行銷策略規劃方向說明

　　1.切入「利基點」方向與空間分析說明
　　2.新品牌之「S-T-P」架構說明分析：

 Segment 區隔市場　　 Targeting 目標消費群　　 Positioning 產品或品牌定位

　　3.本產品咖啡口味、咖啡內涵及咖啡玻璃瓶包裝之特色點分析說明
　　4.本產品品牌名稱、Logo及包裝瓶設計之特色點分析說明
　　5.本產品初期定價策略及價格帶分析說明
　　6.本品牌廣宣訴求重點所在分析說明
　　7.本產品與其他前五大咖啡品牌的差異點列表比較分析
　　8.本品牌將打造成為本公司年銷售額○○億以上大品牌，預計上市第一年，將耗資○○○○○萬元整合行銷傳播預算之分析說明
　　9.本產品生產工廠分析說明

四、結論與討論　　五、恭請裁示

Unit 16-20
某蜆精產品「新年度行銷企劃」報告案

一、去年度蜆精產品的行銷成果

1. 本品牌蜆精去年總銷售量：突破8,000萬瓶，較年前成長○○%。
2. 去年總營收額：8億（蜆精＋蜆錠）。
3. 獲利貢獻：○○○億元。

二、去年度國內主要蜆精競爭品牌比較

營收額、銷售量及市占率

三、去年度蜆精、蜆錠產品的市場整體成長率分析及原因分析

四、今年度本公司行銷蜆精產品的SWOT分析

1. 環境發展的有利點
2. 環境發展的不利點
3. 本品牌的競爭強項
4. 本品牌的競爭弱項

五、主力競爭對手與本品牌的競爭優劣勢比較分析

1.本品牌的競爭劣勢

① 行銷宣傳能力弱於白蘭氏
② 品牌知名度弱於白蘭氏
③ 廣告預算弱於白蘭氏

2.本品牌的競爭優勢

① 銷售量及市占率仍居第一
② 全國通路普及率優於白蘭氏
③ 生產Know-How居於優勢

六、今年度行銷策略的重點工作

1. 營收目標：將挑戰10億元，持續成長。
2. 行銷預算擴大投入：預估營收額15%，超過1.5億元。
3. 銷售市占率：保持第一位。
4. 整合行銷操作：
   ①電視廣告及報紙廣告加碼投入　　②代言人行銷，強化品牌知名度
   ③每季舉辦大型促銷抽贈獎活動　　④公關媒體報導加強
   ⑤店頭（賣場）行銷活動加強　　　⑥經銷通路商獎勵加強
5. 品牌知名度：從第二位提升到第一位。

七、結語與裁示

Unit `16-21`
某公司洗潔精「新產品上市」整合行銷企劃案

一、○○新品牌洗潔精進入市場競爭力分析

1. 目標消費者使用洗潔精行為分析（E-ICP資料）
   ①我們的目標消費者是誰　　②家庭購買決策者使用頻率與偏好容量
   ③品牌印象會影響消費者選擇　④抗菌成為消費者選擇的主要功能
2. 主要競爭品牌定價與定位分析：包含有品名、主功能訴求、容量、售價，以及電視廣告表現方法等內容分析。
3. ○○新品牌進入市場競爭力分析→ SWOT

二、○○新品牌整合行銷策略建議

1. IMC行銷策略彙整圖示架構：
   ①廣告製作　②媒體購買　③事件行銷　④公關議題操作
2. ○○新品牌廣告CF影片暨媒體購買計畫：
   ①○○新品牌廣告影片創意表現：
   　❶創意表現概念　❷篇名、腳本、秒數　❸代言玩偶造型圖
   ②○○新品牌平面廣告創意表現
   ③○○新品牌電視媒體購買：

   ❶整體廣告市場量與競爭品牌廣告量分析
   ❷電視媒體購買計畫
   　❷-1目標族群設定
   　❷-2廣告目的（目標）
   　❷-3電視媒體購買戰術：★以有線電視為主，無線台為輔　★類別集中
   　　　　　　　　　　　　★走期集中　　　　　　　　　　　★時段集中
   ❸電視媒體排期規劃建議
   　第一波：上市期（10月初～10月底）
   　第二波：延續期（11月初～11月底）
   ❹電視頻道選擇
   　❹-1 無線與有線預算比例
   　❹-2 有線頻道：綜合類、戲劇類、娛樂類
   　❹-3 有線頻道家族：三立、八大、中天、TVBS
   ❺電視媒體預算分配在各頻道家族比例及CPRP計價
   ❻電視媒體效益評估
   　❻-1 Reach：達68%以上
   　❻-2 主時段GRP占比：晚上6～12點GRP占50%以上
   　❻-3 Total GRP/10"：達540以上　❻-4 CPRP/10"（未稅）：5,300元以下

　　❼平面媒體購買計畫

　　　　❼-1 媒體選擇：蘋果日報　　❼-2 版面：綜藝版　　❼-3 數量：8次

　　　　❼-4 規格：全十　　❼-5 方式：廣告刊登＋廣編撰稿

　　3.公關事件行銷：包含有①活動名稱；②活動日期；③活動地點；④參加對象；⑤活動目的；⑥活動流程；⑦活動說明（展示區說明），以及⑧活動主持人建議。

　　4.○○新品牌在○○大賣場店頭行銷活動包含有：①時間；②地點；③活動內容說明，以及④活動櫃位圖示。

　　5.議題公關操作

　　6.總預算（3,000萬）分配說明：①電視CF製作→規格、次數、預算＋②電視媒體排播（規格、露出媒體、GRP、CPRP／每十秒、預算）＋③民調（廣告後測調查）（預算）＋④平面媒體預算＋⑤事件行銷預算＋⑥服務費＝ ⑦合計

三、附件：各媒體收視資料分析

Unit 16-22
某新品牌酒品上市行銷推廣企劃案

一、白蘭地／威士忌烈酒市場概況分析

　　1.整體市場分析　　2.今年上半年市場銷售狀況　　3.今年下半年新產品預估

二、○○新品牌酒品行銷推廣策略暨創意表現

　　1.行銷策略：包含有①品牌定位與形象廣告；②公關行銷活動；③議題置入行銷。

　　2.廣告策略創意表現：包含有①飲用場合選項；②飲者心理探索；③差異化思維；④創意策略；⑤廣告CF Slogan：溫存心中的臺灣味；⑥創意建議；⑦電視廣告發展，以及⑧平面廣告發展。

　　3.通路暨公關EVENT：

　　①賣場通路促銷活動：包含有❶促銷活動訴求，以及❷促銷活動內容，即促銷女郎、日期、時間、地點、方式、吧檯展示台等。

　　②好酒好歌好朋友卡拉OK BAR：包含有❶活動時間；❷活動地點；❸活動主題；❹活動方式；❺邀請媒體，以及❻活動內容：比賽辦法＋比賽獎金。

三、電視媒體購買策略暨效益評估

　　1.電視購買方式：保證CPRP　　2.無線、有線GRP占比

　　3.節目類型選擇：新聞頻道、體育頻道、影片頻道、娛樂綜藝頻道

　　4.各頻道選擇　　5.廣告聲量分配

　　6.經費預算分配（2,000萬元）占比：包含有①媒體項目；②規格；③露出媒體；④數量／次數；⑤預算金額，以及⑥預算占比等，內容要項預算之分配及占比分析。

　　7.廣告及活動的預計時程表

十個財務企劃案

章節體系架構

Unit 17-1　某公司「海外上市」相關準備工作企劃案

Unit 17-2　某公司申請銀行「中長期聯貸」企劃案

Unit 17-3　某證券公司承銷某公司「股票上櫃」規劃案

Unit 17-4　某上市公司新上市「法人公開說明會」企劃案

Unit 17-5　某申請上市公司向「上市審議委員會」簡報企劃案

Unit 17-6　國內某大企業集團集合旗下公司舉行「法人說明會」企劃案

Unit 17-7　某大水泥廠聯貸簽約記者會企劃案

Unit 17-8　某電視公司「私募募股」說明書

Unit 17-9　國際某知名券商赴國內某大公司做實地訪查之提問綱要

Unit 17-10　某公司採取公開募集公司債發行之「進度時程」計畫表

Unit **17-1**
某公司「海外上市」相關準備工作企劃案

圖解企劃案撰寫

一、主要工作流程

1. 組織本公司上市推動委員會
   - ①實地訪查
   - ②財報準備
   - ③公開說明書初稿

2. 實地訪查及公開說明書初稿

3. 美國SEC／HKSE登記與檢閱
   - ①送F1文件至美國證管會（SEC）
   - ②送A1文件至香港聯合股東交易所（HKSE）
   - ③SEC檢閱／HKSE初審

4. 巡迴募集資金說明會及準備工作

5. 對評估的回應
   - ①對SEC及HKSE初審的回應
   - ②HKSE掛牌評審會的聽證會

6. 分析報告與事前行銷
   - ①發行研究報告　②事前行銷

7. 最後階段的掛牌申請與資金募集說明會
   - ①通過SEC申請核准備並編印初步及正式公開書
   - ②全球資金募集說明會

8. 上市價確認及結案
   - ①於香港公開上市
   - ②上市價確認及分配股數
   - ③掛牌上市／結案

二、海外承銷策略
1. 研究分析建立吸引人的說帖
2. 承銷人員選定投資者
3. 讓目標投資者對說帖深入了解的事前行銷
4. 公司管理者做全球性的資金募集說明會，以吸引更多的投資者
5. 經由有意願的投資者製造買氣
6. 定價及股票分配
7. 由外國券商支援後續市場

三、海外籌措資金的知名主辦投資銀行或證券公司
目前全球比較知名的海外籌資投資銀行或證券公司，包括下列各公司：
1. 歐洲：包含有①英國柏克萊證券；②英國霸菱證券；③英國怡富證券；④德意志銀行；⑤瑞士銀行，以及⑥法國巴黎銀行等。
2. 美國：包含有①花旗國際投資銀行；②摩根史坦利（Morgan Stanley）；③瑞士信貸第一波士頓（CSFB）；④雷曼兄弟（Lehman Brother）；⑤美林投資銀行（Merrill Lynch）；⑥高盛投資銀行（Goldman Sach）；⑦所羅門美邦投資銀行，以及⑧美國Capital投資基金等。

四、本公司海外上市工作推動委員會組織
1. 召集人／副召集人：董事長及總經理

2. 執行祕書：財務部副總經理或財務長
3. 各分工小組及負責人：包含有①會計帳務組：會計長；②財務組：財務長；③營運企劃組：策略長；④業務組：營運長；⑤技術組：技術長；⑥資訊組：資訊長；⑦生產組→廠長，以及⑧法務組：法務長。

Unit 17-2
某公司申請銀行「中長期聯貸」企劃案

一、成立中長期聯貸專案工作小組暨任務分配

1. 營運企劃書撰寫組
2. 會計報表組
3. 財務接洽組

二、預計工作時程表與工作事項

1. 提供主辦銀行及參貸銀行營運計畫書 ———— 未來五年計畫

2. 與主辦銀行洽商聯貸條件

3. 與各參貸行洽談參與聯貸意願

①利率；②擔保品／抵押品；③聯貸總額；④償還期限及償還方式；⑤連帶保證人，以及⑥其他條件，例如資金限定用途、限定使用方式、加副擔保品等。

4. 主辦及參貸銀行參訪本公司並聽取本公司簡報

5. 主辦行邀請各參貸行及本公司舉行聯貸說明會

6. 主辦行內部承辦單位完成放款評估報告

7. 各參貸行承辦單位完成放款評估報告

8. 主辦行及參貸行將本放款案提報董事會核定通過

9. 完成與主辦行、參貸行及律師放款合約內容確定及簽約手續

10. 董事會通過後，主辦行及參貸行相關後續手續完成

11. 正式撥款

三、安排本公司高階主管及董監事長分別拜訪各參貸行高階主管，爭取參與聯貸作業

四、預計十家參與本次聯貸之銀行（分行）及可能參貸額度彙整表

五、完成期限時間表

六、結論

Unit **17-3**
某證券公司承銷某公司「股票上櫃」規劃案

圖解企劃案撰寫

一、上市上櫃成功要素

承銷商、申請上市上櫃公司及會計師三方面要素及功能。

二、上櫃問題點的基本面分析

交易所OTC近期審查表重點：包含有1.產業未來發展潛力；2.經營團隊是否整齊；3.經營團隊經營理念是否正確；4.負責人誠信及經營成果，以及5.轉投資事業之經營概況。

三、上櫃相關時程計畫

依上櫃計畫按月申報輔導至少需滿12個月

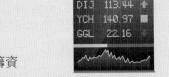

四、進入資本市場應規劃項目

1.公開發行　2.申報輔導　3.申請掛牌　4.市場籌資

五、專案小組組織表及職掌

1.制度規劃小組　2.營運規劃小組　3.財會規劃小組　4.行政小組

六、主要輔導內容

1.規劃階段　2.輔導階段　3.送件階段
4.審查階段　5.承銷階段　6.其他輔導階段

七、本證券公司承銷單位之優勢

八、承銷處服務項目

1.上市櫃輔導　2.公司理財規劃　3.股務代理作業　4.其他財務規劃

Unit **17-4**
某上市公司新上市「法人公開說明會」企劃案

一、新上市法人公開說明會籌備小組組織

1.籌備小組組織架構
2.各分工組織任務：①行政總務組　②企劃組　③現場招待組　④儀式組　⑤媒體組

二、公開說明會舉行相關事項安排計畫

1.舉辦時間　　　　　　　　　　　　　　2.舉辦地點

3.說明會進行議程：①董事長致詞（20分鐘）→②公司簡介（30分鐘）→③財務
報告（10分鐘）→④營運團隊介紹（5分鐘）→⑤Q&A（詢答）（30分鐘）→⑥結束

4.公司簡報及財務報告PowerPoint準備　　5.記者聯繫安排現場採訪

6.媒體刊登稿準備（新聞稿與平面廣告稿）　7.現場發放資料袋及茶水準備

8.司儀確定　　　　　　　　　　　　　　9.邀請對象確定

三、一個月時程進度表計畫

四、結語→ 本案對公司形象及股價有重要性意義

Unit 17-5
某申請上市公司向「上市審議委員會」簡報企劃案

一、產業現況及前景說明

1.產業規模現況　　　　　　　　2.產業價值鏈分析

3.產業獲利主力架構分析　　　　4.產業競爭優勢與關鍵成功因素所在

5.產業生命週期分析　　　　　　6.產業技術發展

7.國內與國外競爭同業概況　　　8.產業前景

二、公司經營管理現況

1.公司組織架構與人員分析　　2.公司經營團隊　　3.公司主要營運項目

4.公司產能介紹　　　　　　　5.公司主要顧客分析

6.公司董事成員與持股比例說明　7.公司內部管控說明

8.公司競爭優勢與核心專長分析　9.公司未來三年重大發展計畫說明

三、市場競爭分析

1.市場占有率分析　　2.主要競爭者各項指標分析　　　3.品牌地位分析

4.如何維繫並提升市場占有率計畫說明　　5.全球競爭趨勢分析與因應對策說明

四、本公司財務績效

1.過去歷年損益表概況：包含有①營收成長，以及②獲利成長。

2.年財務結構各種指標強化概況：包含有①自有資金比例；②負債比例；③獲利
率；④每股盈餘（EPS）；⑤股東權益報酬率（ROE）；⑥利息保障倍數；
⑦應收帳款周轉天數，以及⑧流動及速動比例。

3.現金流量穩健　　　　　　　　4.轉投資效益分析說明

5.股利政策　　　　　　　　　　6.未來三年重大財務計畫→ 配合營運計畫

五、未來五年本公司發展策略規劃與願景

六、結語

Unit **17-6**
國內某大企業集團集合旗下公司舉行「法人說明會」企劃案

一、本案之目的

二、本案參與之八家公司

三、本案計畫內容

　　1. 舉行時間：□□年□月□日下午2點

　　2. 舉行地點：□□大飯店□□廳

　　3. 會議主持人：□□集團董事長

　　4. 會議列席人員：八家公司總經理及財務長

　　5. 會議程序：

①集團董事長致詞（5分鐘）　→　②集團發展簡報（20分鐘）　→　③集團董事長闡述（20分鐘）

⑤結語　←　④參加法說會來賓Q&A（30分鐘）　←

　　6. 邀請對象：

　　　①各電視公司財經記者

　　　②各報紙財經、證券、產業版記者

　　　③各財經週刊記者

　　　④各廣播電台

　　　⑤各投信、投顧公司主管及分析師

　　　⑥國外QFII（證券投資公司）主管

　　　⑦各證券公司自營商部門主管及分析師

　　　⑧各壽險公司投資部門主管及分析師

　　　⑨各銀行投資部門主管及分析師

　　　⑩各私人投資公司主管及分析師

　　　⑪證期會相關單位人員

四、資料整理與資料袋準備

　　1. 董事長致詞稿

　　2. 集團發展簡報

　　3. Q&A模擬題目

五、邀訪對象聯繫人員負責

六、本次法說會支用預算概估

七、本次法說會效益分析

Unit **17-7**

某大水泥廠聯貸簽約記者會企劃案

一、本記者會專案小組架構及分工

二、記者會議程

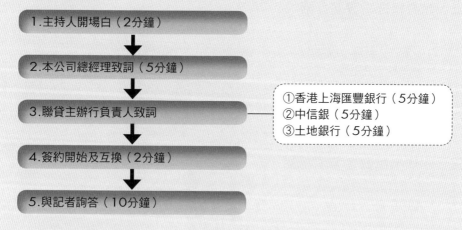

1.主持人開場白（2分鐘）

↓

2.本公司總經理致詞（5分鐘）

↓

3.聯貸主辦行負責人致詞 ──── ①香港上海匯豐銀行（5分鐘）
②中信銀（5分鐘）
③土地銀行（5分鐘）

↓

4.簽約開始及互換（2分鐘）

↓

5.與記者詢答（10分鐘）

三、資料準備說明

四、邀請和電視、報紙、雜誌、網站記者出席名單

五、邀請二十家參貸行代表出席名單

六、邀請中外投資公司、投顧公司出席名單

七、舉辦地點

　　□□銀行□□廳

八、舉辦日期及時間

九、記者會舉辦預算初估

十、結語

Unit **17-8**
某電視公司「私募募股」說明書

一、產業概況介紹

1. 產業價值鏈說明
2. 產業主要競爭者說明

二、本電視公司發展介紹

1. 本電視台發展歷程
2. 本電視台營運現況說明
3. 本電視台主要競爭優勢
4. 本電視台營運策略及市場定位
5. 本電視台未來成長契機分析
6. 未來二年內上市櫃計畫

三、本次增資資金需求規劃

1. 改善財務結構
2. 擴增採購先進設備
3. 增資效益分析

四、財務預測

1. 歷年（五年）財務資料
2. 今年上半年財務績效暨未來五年財務預測
　　①上半年損益狀況
　　②未來五年預估損益表
　　③未來五年資產負債表
　　④未來五年現金流量表
　　⑤未來五年股東權益變動表

五、募股計畫

1. 本次增資總股數及總金額
2. 每股價格
3. 募股時間

六、附件

Unit **17-9**
國際某知名券商赴國內某大公司做實地訪查之提問綱要

一、第一天實地訪查

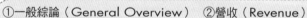

實地訪查（Due-Diligence）提問

1. 公司沿革介紹（Corporate History）
2. 法規環境及關鍵特許條件（Regulatory Environment and Key License Terms）
3. 公司股東（董事長）結構（Shareholding Structure）
4. 公司及其子公司結構重組（Restructuring）
5. 公司長期貸款（Loan）
6. 集團的事業模式（Business Model of Group）
7. 歷史性財會報表（Historical Financials）

①一般綜論（General Overview）　②營收（Revenue）
③營運成本（Operating Expense）　④稅賦（Taxation）
⑤流動資產（Current Assets）　⑥應收帳款（Account Receivables）
⑦固定資產（Fixed Assets）　⑧負債（Liabilities）
⑨應付帳款（Account Payable）
⑩其他資產與負債（Other Assets and Liabilities）

8. 財務預測（Financial Projections）

①事業預測（Business Projections）　②資本支出（Capital Expenditure）

二、第二天／第三天實地訪查

1. 一般環境綜論（General Macro Environment）
2. 國內□□產業概況（Overview of □□ Industry）
3. 競爭環境（Competitive Environment）
4. 公司營運策略（Corporate Business Strategy）
5. 顧客、產品及收入（Customer, Product, and Revenue）
6. 加值服務（Value Added Service）
7. 銷售與行銷（Sales and Marketing）
8. 顧客服務及收款（Customer Service and Billing）
9. 網路系統（Network System）
10. 管理與人力（Management Employees）
11. 法令（Legal）
12. 其他項目

267

Unit 17-10
某公司採取公開募集公司債發行之「進度時程」計畫表

一、本公司公開募集公司債之主要進度事項時程表

1. 條件設計及市場調查

⬇

2. 董事會通過公司債發行計畫

⬇

3. 與承銷商簽訂委任契約

⬇

4. 洽妥簽證、保證、受託、代理還本利息、債券印製機構並準備申請書件

⬇

5. 取得當次公司債之信用評等

⬇

6. 向證期會送件、申報

⬇

7. 通知印製廠準備印製債券及公開說明書事宜

⬇

8. 開始編製公開說明書

⬇

9. 申報生效

⬇

10. 印製債券公司說明書

⬇

11. 刊登公司債發行公告

⬇

12. 募集期間開始，亦為公司債發行日

二、主辦證券商

　　委託機構
　　還本付息機構
　　簽證機構　　　　　　六方之決定
　　律師
　　會計師

三、公司債利率

　　期　限
　　發行量　　　　三種決定

第 **18** 章
如何撰寫創業企劃書

章節體系架構 ▼

Unit 18-1　創業為什麼要寫企劃案

Unit 18-2　創業企劃書撰寫大綱架構

Unit 18-3　青輔會創業貸款介紹

Unit 18-4　創業為何及如何賺錢或虧錢

Unit 18-5　現金流量

Unit 18-6　資產負債表與財務槓桿運用

Unit 18-7　公司申請上市櫃，創造企業價值

Unit 18-8　七個案例大綱參考

Unit 18-9　創業較易成功的要件與行業

Unit 18-10　常見的不良創業現象

Unit 18-11　事業經營成功的關鍵因素

Unit 18-1
創業為什麼要寫企劃案

一、原因

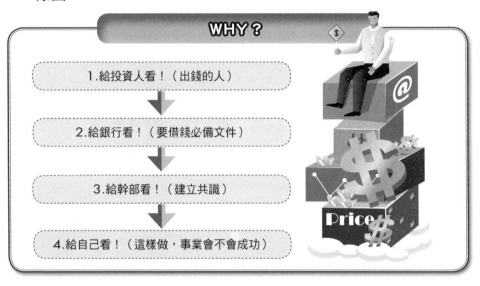

WHY？

1. 給投資人看！（出錢的人）

2. 給銀行看！（要借錢必備文件）

3. 給幹部看！（建立共識）

4. 給自己看！（這樣做，事業會不會成功）

二、創業企劃案的名稱

「創業企劃書」

也稱為　○○公司「營運計畫書」　英文叫　Business Plan（Proposal）

Unit 18-2
創業企劃書撰寫大綱架構

一、創業種類與行業別？

① 創業動機與背景　　⑤ 事業規模大小

② 創業公司名稱、店名稱　⑥ 直營門市店或加盟門市店

③ 創業營業項目　　⑦ 是製造業或服務業？

④ 產品名稱或服務名稱

二、產業與市場分析

產業與市場分析

> 對客觀環境的了解、洞察與掌握

1. 產業與市場產值規模有多大？
2. 過去及未來的成長性如何？市場是否有商機存在？如何切入？
3. 處在哪一種生命週期？（導入、成長、成熟、飽和、衰退）
4. 現在市場競爭狀況如何，主要競爭對手如何，競爭策略如何？
5. 本行業進入門檻高不高？
6. 業者在營收、成本及獲利狀況如何？
7. 此行業的關鍵成功因素為何？
8. 產業價值鏈及產業結構如何？
9. 受國內外經營環境變化的影響程度如何？
10. 關鍵技術取得能力如何？
11. 人才的供需及取得狀況如何？
12. 原物料、零組件取得能力如何？
13. 此行業的資金投入與需求大不大？
14. 潛在競爭對手或潛在替代品有沒有？
15. 此行業的通路結構如何？
16. 此行業的B2B客戶或B2C顧客狀況如何？
17. 影響產業獲利5力架構分析為何？
18. 此行業商圈變化的趨勢為何？
19. 此行業消費趨勢與變化為何？
20. 其他須考量的產業與市場因素（例如：科技條件變化、人口因素……）？

三、SWOT分析

對主觀自我條件優劣的了解，以及外部有何商機與威脅的判斷。

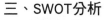 Strenth：優勢、強項

 Weakness：劣勢、弱項

 Opportunity：外部環境商機

 Threat：外部環境威脅

S（強項）	W（弱項）
1.……	1.……
2.	2.
3.	3.

O（商機）	T（威脅）
1.……	1.……
2.	2.
3.	3.

四、經營團隊簡介

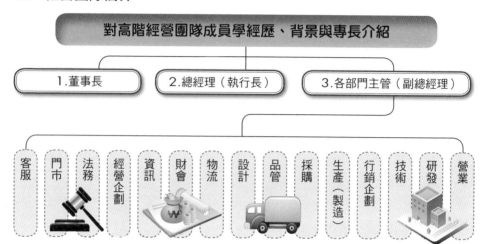

對高階經營團隊成員學經歷、背景與專長介紹

- 1.董事長
- 2.總經理（執行長）
- 3.各部門主管（副總經理）

客服　門市　法務　經營企劃　資訊　財會　物流　設計　品管　採購　生產（製造）　行銷企劃　技術　研發　營業

五、營運計畫內容說明

① 營運項目　② 營運模式來源與獲利模式　③ 營運策略與方針

④ 公司組織架構與編制人數

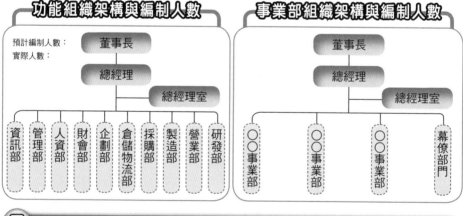

功能組織架構與編制人數

預計編制人數：
實際人數：

董事長 → 總經理 → 總經理室

資訊部　管理部　人資部　財會部　企劃部　倉儲物流部　採購部　製造部　營業部　研發部

事業部組織架構與編制人數

董事長 → 總經理 → 總經理室

○○事業部　○○事業部　○○事業部　幕僚部門

⑤ 營運計畫內容

①S-T-P架構分析

❶Segment Marget：市場區隔、市場在哪裡？
❷Target Audience：鎖定目標客層、消費族群、客戶對象對何？
❸Positioning：產品（品牌）定位

②行銷4P/1S計畫

❶Product：產品策略與規劃
❷Price：定價策略與規劃
❸Place：通路策略與規劃
❹Promotion：推廣策略與規劃、銷售方式為何？
❺Service：服務策略與規劃

③品牌打造計畫

❶品牌元素設計
　→Logo標誌、品名、設計、包裝、風格、Slogan廣告語、
　　型態、故事、色系、商標、精神、個性等。
❷品牌廣告宣傳公關活動
❸品牌承諾

④其他重要計畫

❶研發與技術計畫　　❷採購計畫　　❸生產自製或代工計畫
❹倉儲物流建置計畫　❺資訊建置計畫　❻店面設計與裝潢計畫
❼人力資源計畫　　　❽法務計畫

⑤國內外同業及異業合作結盟計畫

⑥員工績效獎金、年終獎金及股票分紅獎勵計畫

⑦中長期　————　中國大陸市場拓展計畫

⑧三年（或五年）每月／每年營收額成長目標計畫列表及說明

273

六、資金規劃與財務預估

如何規劃與預估？

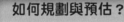

① 個人／他人出資金額及比例？

② 預計三年內資金需求額？是否有銀行借貸？

③ 第一年資金需求明細表，初期開辦費多少？

④ 預計第一次實收資本額

⑤ 資金來源與方式 —— 個人借貸、股東出資、銀行貸款、

⑥ 預計股東成員

⑦ 預計未來三年（或五年）度損益表

⑧ 預計未來三年度現金流量表

⑨ 預計損益平衡年度

⑩ 預計投資報酬率

⑪ 預計投資回收年限

⑫ 銀行貸款償還計畫

⑬ 預計營運六年後，申請股票公開上市櫃發行

七、內部管理規劃

| ① 組織架構與人力編制如何？ | ② SOP（標準作業流程的制定） | ③ 員工獎勵制度辦法制定 | ④ 資訊化處理建置 | ⑤ 各部門人才招聘與挖角 |

八、市場調查　可行性評估

① 服務業商圈地點市調　　　　⑤ 市面產品、定價、成本與獲利市調

② 目標客層（消費者）需求市調　⑥ 技術來源市調

③ 既有競爭對手現況掌握市調　　⑦ 人才來源市調

④ 通路商現況市調　　　　　　⑧ 客戶來源市調

九、風險性評估

| 1.國內外景氣變動影響？ | 2.重要關鍵零組件、原物料來源？ | 3.過度競爭壓力？ | 4.客源流失？ | 5.進入門檻太低？ | 6.商圈移轉改變？ |

274

十、關鍵成功因素分析　歸納本創業計畫為何能夠成功之因素

十一、結語

十二、附件

1.市場調查結果報告書　　　　2.產品技術說明書
3.產品代理說明書　　　　　　4.國外原廠說明書
5.新事業發展與投資可行性評估報告書　6.其他附件

十三、補充說明→波特教授的產業獲利五力分析架構

2.潛在進入者競爭壓力程度？

5.與顧客談判優勢條件程度？　　1.現有競爭者競爭壓力程度？　　4.與供應商談判優勢條件程度？

3.替代品或替代壓力來源的威脅程度？

十四、補充說明→波特教授的3種競爭策略

1.成本領導策略（Cost Leadership Strategy）

降低成本與成本
優勢領先7大構面

①降低人工成本
②降低零組件、原物料成本
③降低管銷費用
④生產線自動化程度提升、精簡用人數量
⑤不斷改善及精簡製程或服務流程，以提升效率
⑥強化人員訓練與學習力，加快作業效率
⑦準確預估銷售量，以降低庫存壓力，並精簡化產品項目及
　降低原有成本

2.差異化策略（Differential Strategy）

差異化策略
12種方向

①產品外觀設計差異化　　　②產品功能差異化
③產品包裝差異化　　　　　④產品等級品質差異化
⑤售後服務差異化　　　　　⑥配送速度差異化
⑦品牌價值差異化　　　　　⑧服務人員素質差異化
⑨付款方式差異化（分期付款）⑩廣告宣傳差異化
⑪原物料材質差異化　　　　⑫限量銷售的差異化

3.集中專注利基經營策略（Focus Strategy）

低成本集中經營vs.差異化集中經營

		較低成本	差異性
競爭範圍	廣泛	1.全面成本優勢	2.差異化
	狹窄	3.低成本集中經營（Cost Focus）	4.差異化集中經營（Differentiation Focus）

註：競爭範圍狹窄係指針對「區隔市場」來經營。

十五、補充說明→製造業與服務業營運管理循環架構

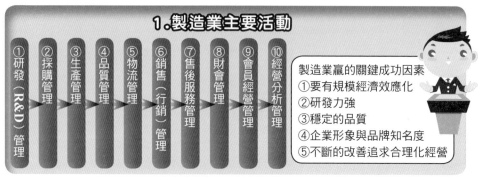

1.製造業主要活動

①研發（R&D）管理 → ②採購管理 → ③生產管理 → ④品質管理 → ⑤物流管理 → ⑥銷售（行銷）管理 → ⑦售後服務管理 → ⑧財會管理 → ⑨會員經營管理 → ⑩經營分析管理

製造業贏的關鍵成功因素
①要有規模經濟效應化
②研發力強
③穩定的品質
④企業形象與品牌知名度
⑤不斷的改善追求合理化經營

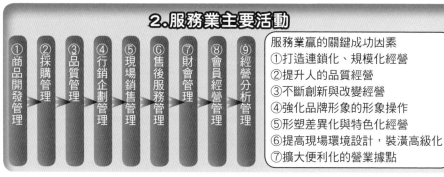

2.服務業主要活動

①商品開發管理 → ②採購管理 → ③品質管理 → ④行銷企劃管理 → ⑤現場銷售管理 → ⑥售後服務管理 → ⑦財會管理 → ⑧會員經營管理 → ⑨經營分析管理

服務業贏的關鍵成功因素
①打造連鎖化、規模化經營
②提升人的品質經營
③不斷創新與改變經營
④強化品牌形象的形象操作
⑤形塑差異化與特色化經營
⑥提高現場環境設計，裝潢高級化
⑦擴大便利化的營業據點

圖解企劃案撰寫

Unit 18-3
青輔會創業貸款介紹

一、貸款人條件→ 20~45歲有意創業或已創業青年

二、創業貸款額

　　1.每人每次最高可貸：400萬元；其中，含100萬元信用貸款。
　　2.每同一公司最高可貸：1,200萬元；其中，個人信貸額度300萬元。

三、貸款利率

　　目前年息利率約1.95%（很低）

四、償還年限

| 1.抵押貸款 10年內償還 | 2.信用貸款 6年內償還 | 3.每月按期繳納利息及本金償還 | 4.寬限償還期 ①抵押貸款 3年不還本金 ②信用貸款 1年不還本金 |

五、目前青創會貸出成果

1.獲貸人：3.13萬人　　　2.獲貸事業體：2.4萬家
3.貸出總額：279億　　　4.創造出：15萬個就業機會及一些中小企業家

六、青創貸款銀行

1.臺銀　　2.合作金庫　　3.中小企銀　　4.土銀
5.彰銀　　6.華南銀行　　7.富邦銀行　　8.玉山銀行

七、青創貸款填寫資料

1.「青年創業貸款計畫書」（表格式）一式二份
2.「借貸申請人」（表格）
3.「個人資料表」（表格）

八、青創貸款計畫書（表格）內容

甲表

申請人
基本資料

乙表：創辦事業資料

1.創辦事業名稱　　2.設立登記日　　　3.事業地址、電話
4.主要產品名稱　　5.主要員工人數　　6.生產設備
7.貸款用途（資本性支出、周轉金）　8.預估獲貸後第一年營業收入
9.預估獲貸後第一年營收、成本、毛利、費用及損益
10.申貸銀行　　　11.創業經營計畫書
12.申請人出資額　13.公司登記資本額
14.貸款總額（含擔保及無擔保）　15.本計畫資金總額　16.申請日期

九、創業經營計畫書（表格）三大部分

1.經營現況：經營名稱、主要用途、品質水準、功能特點、客源等。

2.市場分析：市場所在、目標客層、公司定位、如何擴大客源、銷售方式、行銷策略、行銷通路、競爭優勢、市場潛力、未來展望等。

3.償貸計畫：依照預估損益表，說明償還貸款來源及債務履行方法。

十、青創貸款程序

1.填寫上述三項文件
2.銀行接著會辦理：①徵信調查＋②實地了解申請人所創事業的經營狀況
3.擔保品提供查核
4.撥貸→ 撥錢入帳

十一、任何銀行評估信用五原則

5P原則

1.借貸戶（People）
5.授信展望（Perspective）
5P原則
2.資金用途（Purpose）
4.債權保障（Protection）
3.還款來源（Payment）

十二、青創諮詢電話

TEL：0800-06-1689、02-2356-6322
網址：www.nyc.gov.tw

十三、勞委會→ 微型創業鳳凰貸款

20~65歲：女性　　　45~65歲：男性
適合小型規模商業適用（例如：民宿、餐廳、手工業、攤販、農林漁業）

277

Unit **18-4**
創業為何及如何賺錢與虧錢

一、一般狀況下：新創公司

第3年：損益平衡點
B.E.P（Break-Even-Point）
營業收入漸增
進入損益兩平點不會虧錢了！

2.第3年
可能開始損益平衡
（不虧、也不賺、打平）！

1.前1~2年
可能會虧錢！

3.第4年
可能才開始賺錢！

前1~2年為何可能虧錢
虧錢：因為營業收入不足
WHY：
①沒有品牌知名度　②通路上架不夠
③沒錢做廣告宣傳　④產品品質不夠好
⑤定價偏高　　　　⑥品牌不足
⑦店租不對　　　　⑧其他因素

第4年：開始獲利賺錢
每月營業收入大幅增加
每月超過損益兩平點
每月開始獲利賺錢有Profit

二、從損益表看創業公司虧錢與賺錢的原因

1.不賺錢5大原因
- ①營業收入不足、偏低
- ②營業成本偏高
- ③營業費用偏高
- ④毛利率偏低
- ⑤營業外支出偏高→例如：利息費用

2.能賺錢5大原因
- ①營業收入提高了
- ②營業成本降低了
- ③營業費用降低了
- ④毛利率提高了
- ⑤營業外支出降低了

三、創業公司如何提高營運收入

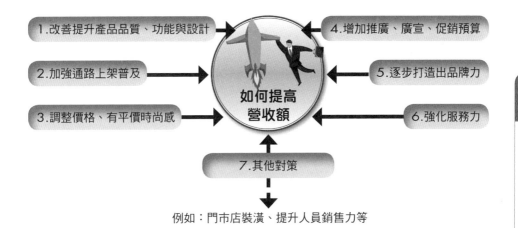

1. 改善提升產品品質、功能與設計
2. 加強通路上架普及
3. 調整價格、有平價時尚感

如何提高
營收額

4. 增加推廣、廣宣、促銷預算
5. 逐步打造出品牌力
6. 強化服務力

7. 其他對策

例如：門市店裝潢、提升人員銷售力等

四、加強控制降低成本（Cost-down）

1. 製造成本
2. OEM代工成本
3. 進貨成本

五、加強控制、降低費用（Expense-down）

1. 用人薪水費用　　2. 房租費用　　3. 水電費用　　4. 加班費用
5. 健保費、國民年金費用　　　　6. 交際費用　　7. 雜費

六、毛利率水平

1. 一般水平：3~4成（30%~40%）
2. 較高水平：5~7成（50%~70%）

指粗的利潤率，還沒
有扣除公司營業費用
之前的毛利潤。

七、毛利率狀況分析

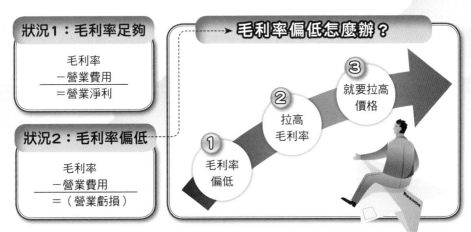

狀況1：毛利率足夠

毛利率
－營業費用
＝營業淨利

狀況2：毛利率偏低

毛利率
－營業費用
＝（營業虧損）

毛利率偏低怎麼辦？

① 毛利率偏低
② 拉高毛利率
③ 就要拉高價格

Unit **18-5**
現金流量

一、現金流量對企業的影響

　　企業每日現金流量（Cash Flow），猶如人體的心臟，供應血液流動。一旦血液不足，心臟產生問題，公司就掛了！

每天現金流入 － 每天現金流出
收入　　　　　　　　　支出
＝　　每天現金淨流入（OK！）
或每天現金淨流出（不OK！）

→ 每天現金足夠→公司就不會關門、倒閉。

→ 每天現金不足→公司很快就會關門、倒閉，結束營業！

二、現金流量不足解決之道

現金流量不足解決之道

→ 1.短期對策：①各位股東再增資，再拿錢出來。
　　　　　　　　②再向銀行借錢。

→ 2.長期對策：①徹底改善營運現況。
　　　　　　　　②換掉CEO（執行長），改聘更有能力的專業人才。

Unit **18-6**
資產負債表與財務槓桿運用

280

一、資產負債表（Balance Sheet）公式

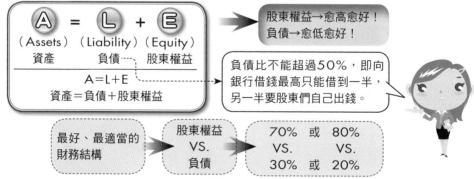

Ⓐ ＝ Ⓛ ＋ Ⓔ
（Assets）（Liability）（Equity）
資產　　　負債　　　股東權益
A＝L＋E
資產＝負債＋股東權益

→ 股東權益→愈高愈好！
負債→愈低愈好！

→ 負債比不能超過50%，即向銀行借錢最高只能借到一半，另一半要股東們自己出錢。

最好、最適當的財務結構 → 股東權益 VS. 負債 → 70% 或 80%
VS. 　 VS.
30% 或 20%

二、財務槓桿運用

　　企業有時候要加速擴大經營規模與經營版圖，必然要向銀行貸款，取得資金，才能加速壯大，但占比不能過50%，以免產生負債偏高的風險。目前借款利率很低（僅3~4%），正是借款擴大營運好時機！總之，只要企業獲利率大於銀行貸款利率就值得適當借款經營，藉機壯大！

Unit 18-7

公司申請上市櫃，創造企業價值

一、上市櫃目的

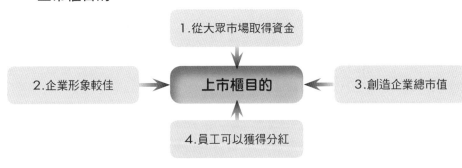

1.從大眾市場取得資金

2.企業形象較佳 → **上市櫃目的** ← 3.創造企業總市值

4.員工可以獲得分紅

二、以王品餐飲集團為例

原始：每張股票面值10元，資本額：5億
上市櫃後：股票升到400元
公司市值：5億＊40倍＝200億

當初5億價值的公司，
如今變成200億價值

王品餐飲集團上市：員工獲利

① 高階主管每人淨賺至少1,000萬元以上。

② 中階主管每人淨賺至少300萬元以上。

③ 基層員工每人至少一張股票，淨賺47萬元。

能自己創業成功最好！
否則，畢業後應努力找到中大型公司就業，比較有保障、有前途！

知識補充站

如何判斷創業企劃書的好壞？

1.完整性（勿有遺漏性）

2.可行性（此創業可不可行）

3.創造性（創造新商機、新模式）

4.學術理論與企業實務的結合性

5.PPT製作美觀性

6.人才團隊性（人才夠不夠專業）

Unit **18-8**
七個案例大綱參考

一、創業直營連鎖店經營企劃案架構

花店、咖啡店、早餐店、冰店、飲食店、西餐店、服飾店、飾品店、麵包店、火鍋店等。

① 開創行業的競爭環境分析與商機分析

② 開創行業的公司定位與鎖定目標客層

③ 開創行業的競爭優劣勢分析

④ 開創行業的營運計畫內容說明

①營運策略的主軸訴求	⑪店面作業與管理計畫
②連鎖店命名與Logo商標設計	⑫資訊計畫
③店面內外統一識別（CI）的設計	⑬廣告宣傳與公關報導計畫
④店面設備與布置概況圖示	⑭總部的組織計畫與職掌說明
⑤產品規劃與產品競爭力分析	⑮每家店的每月損益概估及損益平衡點估算
⑥產品價格規劃	⑯前三年的公司損益表試算
⑦每家店的人力配置規劃	⑰第一年資金需求預估
⑧通路計畫：第一家旗鑑店開設地點及時程	⑱投資回收年限與投資報酬率估算
⑨預計三年內開設的據點數分析	⑲產品生產（委外製造）計畫說明
⑩店面服務計畫	

282

⑤ 結語

二、某養生早餐店企劃案

1.市場分析	①產業分析　②消費者習性分析　③產業未來展望與發展趨勢 ④5力分析　⑤商圈分析
2.店鋪資料	①創業動機　②店鋪品牌　③組織架構
3.經營概念分析	①經營特點　②財務規劃　③SWOT分析　④成功機會
4.店鋪規劃	①店鋪位置　②開店工作分配　③店鋪平面圖 ④設備清單　⑤品項與材料

5.經營模式 —— ①採購策略　②定價策略　③銷售策略

6.預期收益 —— ①銷售預測　②財務報表（損益表）

三、餐飲集團切入中式料理「干鍋上市開賣」策略分析企劃書

1.本案緣起與背景 ——
2.本案產品研發結果、餐飲製作人才來源及干鍋食材來源分析
3.干鍋每餐成本結構分析及成本試算
4.產品主軸：套餐＋單點
5.定價策略：鎖定在200元~250元的平價策略
6.干鍋的市場調查與試吃結果：支撐干鍋的市場可行性
7.本公司旗下各品牌客單價：

①中國大陸干鍋主題餐廳崛起
②本公司缺乏中式料理
③進入平價餐飲市場

①王品牛排：1,200元（美式）　②夏慕尼鐵板燒：1,100元（美式）

③ikki和風懷石料理：1,100元（日式）　④原燒烤肉店：600元（日式）

⑤西堤牛排：500元（美式）　⑥陶板屋和風：500元（日式）

⑦聚火鍋：330元（中式）　⑧品田炸豬排：250元（日式）

⑨干鍋：200~250元（中式）

8.預計正式上市推出第一家店，今年10月中旬
9.總開出店數目標：5年50家店為總目標
10.未來五年在不同店家數下之損益預估表；預計第二年起，達○○○家時，即可損益平衡。
11.干鍋主題餐廳鎖定的目標客層：喜愛川味辣味鐵鍋式中式餐飲的年輕上班族群及廣大的中低收入族群的主力市場。
12.品牌定位：平價（低價）中式辣口味及自選菜色鐵鍋式的主題式餐飲。

四、某加盟創業計畫書

1.加盟總部之分析
①公司簡介
❶企業沿革　❷組織架構
❸經營理念　❹成功之道
❺企業現況　❻未來發展
②經營方式

2.創業資金來源
①所需創業資金
②創業資金來源

3.設定各階段目標
①企劃實施時間計畫
②營運目標
③經營方式

4.財務規劃
①開辦費
②人事費用
③營業收入計畫
④回收期間
⑤損益表

5.經營權模式建立
①經營型態
②經營團隊

6.經營風險評估
①整體風險評估
②加盟○○○○SWOT分析
③商圈環境SWOT分析

7.結論與附錄
①附錄一：資料來源
②附錄二：加盟方式簡表
③附錄三：青年創業貸款
④附錄四：產品介紹

五、臺灣面膜市場商機分析報告案

圖解企劃案撰寫

1. 臺灣面膜市場總產值分析 — ①面膜總生產量分析
②面膜總銷售量與銷售額分析

2. 臺灣面膜市場產業價值鏈分析及成本結構分析 — ①面膜上中下游產業結構分析　②面膜主力生產業者分析
③面膜成本結構分析

3. 臺灣面膜市場主要競爭對手分析 — ①前三大面膜品牌競爭力分析
②零售商自有品牌面膜競爭力分析

4. 臺灣面膜行銷通路結構分析 — ①開放式通路　②電視購物通路　③網路購物通路
④專櫃通路　⑤其他通路

5. 臺灣面膜產品類型與占比結構 — ①紙面膜與不織布面膜
②美白型面膜與其他型面膜

6. 臺灣面膜價格結構分析 — ①高價面膜　②低價面膜　③中價位面膜

7. 臺灣面膜消費市場未來成長前景預估與成長因子

8. 臺灣面膜使用者（消費者）結構

9. 臺灣面膜市場行銷策略與商機

10. 本公司面對臺灣面膜商機的因應對策 — ①製造（委製）策略　　　②產品規劃策略
③定價規劃策略　　　　④通路規劃策略
⑤推廣規劃策略　　　　⑥預計上市日期策略
⑦預計前三年可銷售金額狀況　⑧預計前三年損益狀況

11. 結語與裁示

六、某餐飲集團引進日本厚式炸豬排投資企劃報告書

1. 本案緣起

2. 日本厚式炸豬排飯○○○餐飲連鎖店公司參訪結果報告

①該公司背景與營運現況簡介
②該公司產品組合及特色分析
③該公司的通路策略及發展現況
④產品定價策略
⑤產品成本結構及獲利概況
⑥該品牌在日本同業市場的排名地位
⑦該產品食材來源分析
⑧該產品供應現煮作法及要訣分析
⑨該連鎖店的主要客群分析
⑩該連鎖店損益平衡點的來客數及營業額分析
⑪該公司願意提供技術合作的條件
⑫參考總結與建議

3.引進臺灣市場的可行性評估

①臺灣餐飲市場類型發展與趨勢分析
②臺灣日式餐飲市場分析
　❶市場規模值　❷主要業種　❸主要參與公司經營組織　❹主要顧客群分析
　❺未來可以介入的利基市場與空間
③可行性評估要點
　❶市場空間可行性　❷目標客層可行性　❸競爭現況可行性　❹產品製作技術可行性
　❺食材來源可行性　❻資金需求可行性　❼經營人才可行性　❽總結

4.成立○○○品牌餐飲連鎖店初步投資企劃方向說明

①新品牌名稱：日式「○○○」品牌
②產品定位（品牌定位）：平價、優質及日式口味
③價格：每餐200~250元的價位　④目標客層：上班族群（25~40歲）
⑤產品組合餐：計五種主力餐選擇
⑥預計直營店數：第一年：3家　第二年：累計8家　第三年：累計15家
　　　　　　　　第四年：累計20家　第五年：累計30家
⑦預計投資金額（資金需求）：前三年資金需求○○千萬元
⑧餐飲技術來源：第一年由日本○○公司派廚師指導支援
⑨食材來源：區分為臺灣本地及日本進口兩個部分
⑩預計第一家直營店開店時間　⑪儲備專家小組組織表及人力分工表（如附件）
⑫第一家店預計開設地區：臺北市大安區敦化南路辦公大樓巷道區
⑬店面設計風格、員工服裝風格：參仿日本○○連鎖店的日式裝潢風格
⑭每店營收額預估：第1個月~第12個月　⑮每店損益平衡點預估
⑯每店獲利時間點預估　⑰每一年~每三年：全部店數之損益表預估

5.結論與裁示

285

七、向銀行申請中長期貸款之營運計畫書大綱

1.本公司成立沿革與簡介　　　　　　　　2.本公司營業項目
3.本公司歷年營運績效及概況
　①國內外客戶狀況　　　②內銷與外銷比例　　③歷年營收額與損益概況
　④各產品銷售額及占比　⑤本公司在同業市場的地位排名
4.本公司組織表及經營團隊現況　　　　　5.本公司財務結構現況
6.本公司面對經營環境、產業環境及全球市場環境的有利及不利點分析說明
7.本公司經營的競爭優勢及核心競爭能力分析
8.本公司未來三年的經營方針與經營目標
9.本公司未來三年的競爭策略選擇　　　　10.本公司未來三年的業務拓展計畫
11.本公司未來三年的產品開發計畫　　　　12.本公司未來三年的技術研發計畫
13.本公司未來三年的兩岸設廠投資計畫
14.本公司未來三年的財務（損益）預測數據
15.本公司未來三年的資金需求及資產運用計畫
16.結語　　　　　　　　　　　　　　　　17.附件參考

Unit **18-9**
創業較易成功的要件與行業

一、創業成功應掌握的基本要件

① 人才團隊（經營團隊）是否OK？

② 行業與行業項目選擇與切入的正確性，以及是否還有商機空間的判斷力？

③ 是否真的擁有掌握到這個行業的關鍵成功因素？

④ 三年財力資金的準備是否沒有問題？

⑤ 在經營過程中是否能夠不斷的調整營運對策、方針與作法？

⑥ 地點選擇的正確性？（指服務業）

⑦ 創業者個人或團隊的強烈事業企圖心與意志力

⑧ 具備成功的企業領導力與管理力

⑨ 要有耐心、堅持及高度視野

⑩ 要有膽識，而且用心投入，不斷改善精進

二、創業較易成功的行業有哪些？

① 餐飲連鎖業：各式各樣吃的、喝的

② 觀光大飯店、旅遊業（陸客來臺、國人旅遊）

③ 網際網路&電子商務業

④ 委外行業，例如：廣告、公關、整合、行銷、數位行銷設計公司

⑤ 代理國外名牌精品業　　　⑥ 化妝保養品業

⑦ 銀髮族業　　　⑧ 科技產品與零組件業

⑨ 創新服務業　　　⑩ 其他可能的行業

三、創業較易成功的個人特質

1. 有旺盛企圖心的人
2. 有很多點子、想法的人
3. 寧為雞首不為牛尾的人
4. 敢冒險的人
5. 不喜歡上班族固定生活的人
6. 有膽識的人
7. 追逐金錢的人
8. 追求自我實現、有願望的人
9. 人脈關係良好的人
10. 不能太內向的人
11. 果斷、堅定、不會優柔寡斷的人
12. 不易有挫折感的人
13. 天生較樂觀的人
14. 抗壓性高的人
15. 想領導別人的人
16. 敢於實踐行動的人
17. 機會成本比較低的人
18. 學歷不用太高的人（例如：博士）

Unit 18-10
常見的不良創業現象

一、開店技術面

問題點　　　　　　　　　　　　　**解決之道**

1.地點選錯
根據主力客層選合適地點，而非只篩選租金高低。

2.沒有特色
從店名、商品到服務，讓客人牢牢記住你的店。

3.定價錯誤
站在消費者角度思考，價格訂多少接受度高。

4.本末倒置
賣吃要好吃，賣包要好用，從本質思索商品設計。

5.不懂包裝行銷
包裝行銷不是貴在美輪美奐，應對進退皆廣告口碑行銷，最不花錢。

二、老闆態度

問題點　　　　　　　　　　　　　**解決之道**

1.荷包太滿錢太多
把口袋的錢當最後一根火柴棒，嚴格控管財務，勿過度裝潢擴店。

2.眼高手低不實際
創業要有衝勁，但切記過度樂觀，時時觀察市場趨勢，勿過度閉門造車。

3.姿態太高比客大
心中再不爽，客人永遠是老大，特別異業轉戰，放下過往身分地位再創業。

Unit **18-11**
事業經營成功的關鍵因素

一、人是最根本的因素→ 優質經營團隊，人才團隊　｜非指創業，而是指廣泛性現有的企業。

　　經驗豐富、人才優秀、人才多、人才忠誠度高、人才向心力強、組織能吸引到好人才。

二、品牌信賴因素

　　1.有品牌力支持
　　2.高知名度、高喜愛度、高忠誠度、高依賴度

三、高品質產品力因素

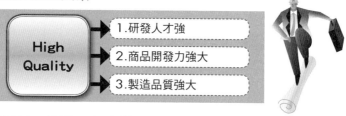

High Quality

1.研發人才強

2.商品開發力強大

3.製造品質強大

四、不斷創新、精進，領先競爭對手因素

五、企業領導人卓越因素

288

六、在不同階段都能快速掌握新商機因素

七、大者恒大因素

八、策略成功因素

　　1.低成本策略　　　　　2.差異性策略
　　3.獨家特色策略　　　　4.聚焦專注策略
　　5.平價時尚策略　　　　6.功能創新策略
　　7.頂級服務策略

九、有願景力因素

　　設定每一階段的事業願景與目標，供全體員工努力邁進，永不倦怠。

十、盡企業社會責任，企業形象良好因素

　　例如：台積電、富邦、統一企業、統一超商、新光三越、SOGO百貨、中國信託、花旗銀行、王品餐飲、華碩、宏達電子HTC、國泰等。

國家圖書館出版品預行編目資料

圖解企劃案撰寫/戴國良著. －－二版. －－臺
北市：五南圖書出版股份有限公司, 2023.03
　面；　公分
ISBN 978-626-343-716-6 (平裝)
1.CST: 企劃書
494.1　　　　　　　　111022470

1FRZ

圖解企劃案撰寫

作　　　者 ― 戴國良

發 行 人 ― 楊榮川

總 經 理 ― 楊士清

總 編 輯 ― 楊秀麗

主　　　編 ― 侯家嵐

責任編輯 ― 侯家嵐

文字編輯 ― 邱淑玲

內文排版 ― 張淑貞

封面完稿 ― 姚孝慈

出 版 者 ― 五南圖書出版股份有限公司

地　　　址：106台北市大安區和平東路二段339號4樓

電　　　話：(02)2705-5066　　傳　　　真：(02)2706-6100

網　　　址：https://www.wunan.com.tw

電子郵件：wunan@wunan.com.tw

劃撥帳號：01068953

戶　　　名：五南圖書出版股份有限公司

法律顧問：林勝安律師

出版日期：2013年6月初版一刷
　　　　　　2021年4月初版七刷
　　　　　　2023年3月二版一刷

定　　　價：新臺幣400元

※版權所有‧欲利用本書內容，必須徵求本公司同意※

全新官方臉書

五南讀書趣

WUNAN Books

since1966

Facebook 按讚

👍 1 秒變文青

五南讀書趣 Wunan Books

★ 專業實用有趣
★ 搶先書籍開箱
★ 獨家優惠好康

不定期舉辦抽獎
贈書活動喔！！！

經典永恆·名著常在

五十週年的獻禮──經典名著文庫

五南，五十年了，半個世紀，人生旅程的一大半，走過來了。

思索著，邁向百年的未來歷程，能為知識界、文化學術界作些什麼？

在速食文化的生態下，有什麼值得讓人雋永品味的？

歷代經典·當今名著，經過時間的洗禮，千錘百鍊，流傳至今，光芒耀人；

不僅使我們能領悟前人的智慧，同時也增深加廣我們思考的深度與視野。

我們決心投入巨資，有計畫的系統梳選，成立「經典名著文庫」，

希望收入古今中外思想性的、充滿睿智與獨見的經典、名著。

這是一項理想性的、永續性的巨大出版工程。

不在意讀者的眾寡，只考慮它的學術價值，力求完整展現先哲思想的軌跡；

為知識界開啟一片智慧之窗，營造一座百花綻放的世界文明公園，

任君遨遊、取菁吸蜜、嘉惠學子！